親愛的，今天吃什麼？

貝蒂做便當 著

AUTHOR'S PREFACE
—
作者序

以料理傳達愛意，用香味堆疊生活記憶，
這就是我的幸福日常。

出版四本便當料理書後，《親愛的，今天吃什麼？》是首本不以便當為出發點的食譜書：隨著近年來職涯的改變，不再是朝九晚五上班族，有了更多的餘裕在探索便當菜以外的料理，迫不及待的想將許多不適合放入便當，但端上餐桌卻總是被秒殺的美味料理，與讀者們分享，因此超過一百道容易上手、方便備料、必定好吃的家常食譜書《親愛的，今天吃什麼？》隨之而生。

「親愛的」是泛指所有自己重視或喜歡的人（當然也可以是自己），因為重要，所以悉心烹調每道餐食，日復一日以料理傳達愛意，以香味堆疊生活記憶。無須花大錢吃大餐，一鍋燉煮入味的肉料理、一盤綠亮爽脆的快炒青蔬、還有一碗熱騰騰的營養湯品，就足以讓親愛的人（或自己）吃得開心滿足。

翻閱後不難發現，本書所須之食材及調味料，都可以在超市或菜市場就買到，甚至有很大的機會正好家裡都有，不用出門採買，就可以將《親愛的，今天吃什麼？》帶進廚房裡立刻開煮。

除了備料容易以外，在食材種類方面，也大多是受歡迎的肉、蛋、魚或蔬菜等，種類常見，價格親民，無須大費周章尋找更不用豪擲千金採購。

為了降低煮食的難度，本書從工序簡化方面著手，減少步驟讓一切變得不再繁瑣，看著作法說明，按圖索驥或加入自己的想法，就能將書中的成品照，重現於自家餐桌上。

材料易備、食材親民、總類多變且作法簡單，這四大關鍵讓天天下廚變得不再是壓力或負擔。在物價日漸攀高的時代，如能以經濟實惠的國民食材，再經過巧思加以變化烹調後，煮出一道道儀式感十足、營養也滿溢的佳肴滿足珍愛的人（或自己），便是日常裡的幸福時刻。

食譜書翻完了，親愛的，我們今天吃什麼呢？

— ⟨ 目錄 ⟩ —

一顆不夠
蛋料理

多吃就有好氣色的
蔬菜料理

COOKING CLASS

貝蒂的
料理小教室

本書使用方法

❶ 成品照

部分成品照片有未標示於食譜裡的裝飾配菜，可依各人喜好隨之調整或省略。

❷ 料理分類

全書料理依牛肉料理、豬肉料理、雞肉料理、肉堡料理、主食與豆料理、蔬菜料理及雞蛋料理等大項歸納分類，方便查找食譜。

❸ 步驟圖

擷取重要步驟的圖片數張，可參照圖示加深作法印象，圖片的順序為上排左圖往右，接續下排左圖往右。

❹ 材料

· 標示本食譜所需食材及食用人份。
· 洋蔥：使用中型尺寸。
· 紅蘿蔔：使用中小型尺寸。
· 蒜頭：每瓣重量約為 5g。
· 辣椒：使用辣度較低的大辣椒。
· 青蔥及辣椒的份量均隨喜好。

❺ 調味料

● 1 大匙為 15ml、1 小匙為 5ml

　大匙＝湯匙＝ tbsp ＝ tablespoon
　小匙＝茶匙＝ tsp ＝ teaspoon

● 油量：全書均未記入油量（部分料理除外），可依習慣及喜好調整油量。
● 1 小撮：為大拇指、食指、中指抓取粉末調味料一次的份量。
● 調味料：若未特別注明，使用的醬油為一般醬油、米酒為料理米酒、砂糖為二砂、黑胡椒為研磨、味醂為本味醂（無加糖調味、酒精濃度較高）。
● 全書所有調味均可隨自己的喜好加以調整或增減。

❻ 作法

依序標示食材的備料方式、下鍋的順序、關鍵點作法。

❼ Tips

本道食譜烹調時的注意事項、烹調手法及相關經驗分享。

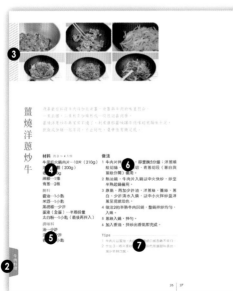

常用的肉品及海鮮知識

雞肉品種

白肉雞

肉質軟嫩，價位較仿土雞及土雞便宜，適合快炒或香煎料理，一般超市或賣場所販售的雞肉，如無特別標示，大多是白肉雞，為使用度高且可多元烹調的雞肉品種。

土雞

結締組織較粗，因此口感有咬勁，適合長時間燉煮，用在燉雞湯或煮各式湯料理時，能讓湯頭香濃醇厚，肉質耐咬、滋味不凡。

仿土雞

相較於土雞，仿土雞的價位較便宜些，口感也相對適中，大部分用於燉湯，但有時切小塊與醬汁一起燜煮，享受咬勁中帶著肉香的美味口感，也很過癮。

雞肉部位

雞里肌（雞柳）

位於雞胸肉內部的細長型肉條，口感極為鮮嫩，因白色筋條很韌口，建議去掉白色的筋條後，煎、烤、炸等料理都很適合。

雞柳去筋

雞里肌的白色筋條頭部以廚房紙巾包住（可防滑），緊捏不放，另一手持著刀，壓住筋條後往外推，取出完成的筋條。

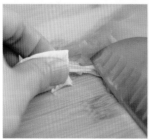  

雞腿

肉質鮮嫩有彈性，市售的雞腿常分去骨或未去骨，去骨雞腿的用途很廣，常用在醃漬後放入烤箱（或氣炸鍋）烤熟或直接以平底鍋煎熟後享用；帶骨雞腿則可用來煮湯，雞腿所熬煮的湯頭極為濃郁，另也可用在快炒料理，吮指好吃。

雞胸肉

熱量低，蛋白質高的雞胸肉，是近年來在全球重視蛋白質營養飲食帶動下，跟著受歡迎的雞肉部位，烹調的方式很多元，但因為油脂量極少，所以口感容易乾柴，建議使用各種可幫助肉質軟化的醃料來幫助提升嫩口感，例如：醃漬時分次加入水分攪拌（又稱打水）、醃料中加入太白粉、使用可軟化肉質的無糖優格一起醃漬、與其他食材做成肉堡或肉丸子等，都可以增加雞胸肉的香嫩口感。

雞翅

市售雞翅種類有：未切的三節翅或有切的二節翅（雞中翅及雞翅尖）及小棒腿（棒棒腿），雞翅的肉質軟嫩有彈性，口感也不會過於油膩，適量調味後，或煎或烤或氣炸都很容易成功，是常被秒殺的雞肉食材之一。

（左）三節翅、（右上）小棒腿、（右中）雞中翅、（右下）雞翅尖。

雞翅以醃料醃漬入味。

醃入味的雞翅入鍋香煎。

豬肉

梅花肉

梅花部位的油脂有分布上的差異，油脂會影響著肉質的軟硬，如喜歡口感較軟的梅花肉，可選擇油花分布較多的部位（前段）；梅花部位的用途很廣，燉、炒、煮都很適合。

五花肉

油脂分布多，口感軟嫩，許多家常料理都會用到五花肉，燉煮、蒸煮、切片快都很合宜，但因為油脂量多，相對較容易有油膩感。

豬頸肉（松阪肉）

口感脆口，油脂量分布多且均勻（雖然油脂多，但口感不會軟爛），以醬汁醃漬後放入烤箱 炙烤或入鍋香煎，完成後逆紋切片，盛盤的樣子很有儀式感，風味也很多變，例如泰式、台式或日式風味的醃料，都很適合使用松阪肉部位。

二層肉（僧帽肌）

與豬頸肉（松阪肉）的外觀雖然相似，但兩者除了肉質紋理不同（豬頸肉是直條紋，二層肉是斜條紋），口感也不一樣（豬頸肉屬脆軟，二層肉則屬軟嫩），可依個人喜好選擇適合的部位。

大里肌

油脂量低，肉質有咬勁，常用於排骨料理或烤肉時醃漬後炙烤；但因為油脂量少，所以很容易柴口，於烹調前使用肉錘（或刀背）將肉質拍鬆、醃漬時加入適量太白粉，均能營造香嫩口感。

梅花部位用途很廣，煎煮炒炸或炙烤都很適合，是很常被使用的部位。

（上）豬頸肉，肉紋為直條紋，肉質爽脆。
（下）二層肉，肉紋為斜條紋，口感軟嫩。

大里肌於烹調前以刀割開白色筋膜，再以肉錘拍鬆，有助提升香軟口感。

海鮮

蝦子

蝦子的料理很多元，烹調時間短，很快地就能端上桌享用，是家常料理中很受歡迎的海產食材之一；蝦子料理前應取出腸泥，口感較好，可購買市售去好腸泥及蝦的蝦仁，方便省時，或購買新鮮的蝦子自行處理，將牙籤或針狀工具，於蝦身第二節處刺入並往上挑，即能輕鬆地挑出腸泥（亦可於開背時順便取出腸泥）。

蝦仁挑腸泥

蝦身的二節處（如圖標示）。

以針狀工具刺入。

針刺入後，往上挑，即能取出腸泥。

蝦仁開背

挑出腸泥後（亦可於開背時順便取出腸泥），於蝦背上水平入刀，輕劃一刀（不要劃斷）完成開背，開背後的蝦仁入鍋後會捲曲成可愛的球狀，看起來很可愛，也很方便入口。

於蝦背上水平入刀，輕輕劃開（不要劃斷）。

完成開背。

開背後的蝦仁，遇熱會捲曲成可愛的球狀。

蛤蜊

用來煮湯、快炒、煮義大利麵都很適合，是家常料理不可或缺的好食材，買回家後，進行簡單的吐沙動作，即能避免一顆壞掉或帶砂的蛤蜊壞了一鍋好湯或料理，快速吐沙的方式如下：

取備料盤，注入清水（水量稍微覆蓋蛤蜊即可）及量較多的鹽巴（每 500ml 的水約加入 2 小匙～ 1 大匙鹽巴）拌勻後，放入網架，將蛤蜊放在網架上（蛤蜊吐出的沙及雜質落至網架下，避免蛤蜊再將雜質吸回去），蓋上遮光蓋子後靜置約 1 小時（依實際吐沙狀況微調時間）待蛤蜊吐出砂子及雜質。

吐沙完成後，撈出蛤蜊並清洗乾淨，同時將蛤蜊輕輕互敲，如發出清亮的聲響，即代表手上的 2 顆蛤蜊均是新鮮的，換下一組蛤蜊互敲，依此類推至全部檢查完畢，如發出暗沉的聲響，則代表手上的 2 顆蛤蜊其中一顆不新鮮或有破損，應於確認後捨棄。

蛤蜊吐沙

待吐沙的蛤蜊底部墊網架，可讓雜質沙子往下沉，避免蛤蜊吐沙的過程中，又吸回水中的雜質。

營造幽暗環境，有利蜊蛤放鬆，充分吐沙。

中卷

中卷又稱透抽，口感 Q 彈，脂肪含量少，且富含蛋白質及多種營養素，適合忙碌現代人補充蛋白質及恢復體力的海鮮食材之一，烹調方式可汆燙、快炒或煮成海鮮粥料理。

烹調中卷前，應將內臟及透明軟骨片（基丁質鞘）去除。

牛肋條

牛肋條的油脂多所以口感香軟，但也因為如此，烹調後較容易有油膩感：可於備料階段以刀修掉邊緣多餘的油脂，如是燉湯或有滷汁的料理，於烹調的過程中，將浮於水面上的油脂及雜質撈除，即能大幅減少油膩感，另亦可使用油脂量低很多的牛腱部位，調整燉煮時間即可。

燉煮牛肉料理的過程中，隨著湯汁煮沸，雜質會浮出水面，以瀝網或湯匙將浮沫雜質撈除，能讓湯頭較清爽無雜味。

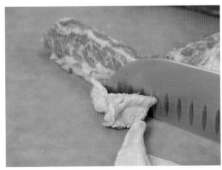

於備料階段將牛肋條邊緣多餘的油脂去除，可大幅減少油膩感。

去除多餘油脂後所燉煮的牛肋條，口感香嫩不膩。

開始料理前

備料

將該道料理所需的全部食材一一切妥放入備料盤，做菜的邏輯更加清晰，不慌不忙地完成每道料理，且看到所有食材整齊的擺放在備料盤上，做菜的心情也會輕鬆許多。

醬汁

將醬汁在下鍋前就預先調好，方便一邊調製一邊試味道，想再多點醬油、多點砂糖或烏醋，都可以不忙不亂慢慢調製，直到調出喜歡的醬汁風味為止；另一個優點是，可避免不小心失手將調味料加太多，造成無法挽救的狀況。

醃肉

部分肉料理的肉品有無預先醃漬及醃漬的時間，影響著成品的風味，因此，適當的醃漬除可提升美味度，有時還能藉由醃料軟化肉質。

醃漬時間例如：薄肉片醬汁滲透快，所以短暫醃漬即可（約5～15分鐘）；切塊或有些厚度的肉品，醬汁滲透較慢，因此醃漬30分鐘～1小時；想要更入味或隨生活作息醃肉，則可拌入醃料後冷藏1夜或1天。

以醃料軟化肉質例如：無糖優格、鹽麴、鳳梨等均有軟化肉質功能，用來醃肉除可增加肉品的香嫩口感，另可為該道料理帶來獨特風味。

爆香

家料理可減少大火爆香產生大量油煙的機會，改以中小火將剛入鍋的蔥薑或蒜，不疾不徐地炒出香氣，另也可將主要食材（通常是肉塊）炒至半熟，再加入辛香料炒香，以避免體積小的辛香料煮焦，產生苦味。

燜煮或燉煮

在燉肉、煎較厚的肉堡或肉塊（部分蔬菜也會使用燉煮）的時候，利用燉煮可以幫助風味滲透及熟透，燉煮時，以小火居多，能避免鍋子裡的水分因火力過大蒸發太快，造成水分不足整鍋煮焦，燜煮的時間也須依所使用的鍋具之蓄熱性微調整。

燉煮看似麻煩，但利用燉煮的空檔，著手準備下一道料理的備料，或簡單擦拭料理台、洗滌廚房器具碗盤，不浪費時間等待燉煮，反而省下更多時間。

家常湯品烹調心法

好喝的湯有訣竅，留意這些小訣竅即能煮出一鍋人人稱讚的好湯。

炒料

部分食材在煮湯前先油炒，讓食材的油脂及甜味充分釋放，湯頭喝起來更有層次感。

煮湯的肉品分別為帶骨與無帶骨，兩者處理方式不同

帶骨：起一鍋冷水，骨頭入鍋後開小火，以小火慢煮，藉由水中溫度逐漸升溫，帶出骨頭中的雜質及異味，煮至將近沸騰前，將骨頭撈出以冷水沖洗表面上的雜質後使用，此法又稱「跑活水」，骨頭跑活水後所燉煮的湯品較無雜味。

無帶骨：可直接入鍋烹調，免汆燙以保肉質鮮甜味，於煮熟過程中如有雜質浮沫，撈除即可。

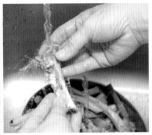

使用鍋具

如燉煮時間較長，建議使用蓄熱性佳或厚底的鍋子，讓穩定的高溫狀態縮短燉煮時間，風味完整釋出（速成湯品則不限鍋具）；另煮湯的水量建議維持在湯鍋的 7～8 分滿，可避免沸騰時因空間不足，食材及湯汁溢出造成危險。

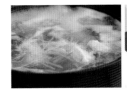

因應季節烹調湯品

冬天氣溫寒涼，適合濃郁湯品，例如：麻油雞湯、酸菜雞肉湯、燒酒雞等，以暖胃暖身為主；夏天炙熱，胃口容易不佳，因此清爽的湯底是首選，例如：青木瓜排骨湯、鮮魚蛤蜊湯等。

水量

水量多寡會影響湯頭的濃醇度，水多了風味淡，水少了完成後湯不夠喝，因此，在加入水時，以剛好覆蓋食材的水量再多一些為參考依據。

例外：熬煮高湯因為燉煮的時間較長（取濃縮湯頭），所以水量需多些，另如湯頭要加麵條也需多些水量。

BEEF DISHES

絕對吸睛牛肉料理

番茄蘑菇燉牛肉

看似工序繁瑣的「番茄蘑菇燉牛肉」其實煮上手後就不覺得麻煩了，尤其是經過很用心地烹調下，牛肉香嫩好吃、湯汁濃郁入魂、整體滋味豐富有層次，多花些心思及時間來完成，絕對值得。

配飯、拌麵或佐法棍都很合適的經典燉牛肉料理，在此真情推薦。

材料 約 4 ~ 5 人份

牛肋條…500g
洋蔥…1 顆（200g）
老薑…15g
牛番茄…4 顆（400g）
紅蘿蔔…200g
蘑菇…150g

燉煮料
清水（或高湯）…600ml
醬油…1 大匙
月桂葉…1 ~ 2 片

調味料
米酒…50ml
海鹽、黑胡椒…均隨口味

作法

備料

＊牛肋條切掉多餘的油脂，切長條狀。
＊牛番茄去皮、劃刀，投入滾水中汆燙，燙至番茄皮劃刀處裂開，取出，浸泡冷水後撕掉番茄皮，切丁備用。
＊洋蔥切丁、老薑切片、紅蘿蔔切大塊、蘑菇分切。

1 取燉鍋，熱油鍋後老薑入鍋，以中小火炒出香氣。
2 牛肋條入鍋，煎至表面呈現焦香感。
3 加入洋蔥及米酒，翻炒至洋蔥呈現香軟及半透明感。
4 加入番茄、紅蘿蔔、蘑菇，整鍋翻炒至番茄變軟。
5 加入燉煮料，中大火煮至沸騰（期間如有浮沫雜質，撈出）。
7 蓋上鍋蓋，轉小火，燉煮約 50 分鐘。
8 掀鍋蓋，以海鹽、黑胡椒調味並充分拌勻。
9 蓋上鍋蓋，熄火，續燜 30 分鐘即完成。

Tips

❶ 牛番茄去掉皮後再燉煮，口感較好，盛盤也會較美觀。
❷ 亦可使用牛腱肉，燉煮的時間以個人喜歡的軟度為主。

牛肉料理

薑燒洋蔥炒牛

我喜歡在料理牛肉時加些老薑，老薑與牛肉的味道很合，
一來去腥，二來相互加乘形成一股很討喜肉香。
薑燒洋蔥炒牛再家常不過了，利用濃郁薑味讓牛肉嚐起來韻味十足，
配飯或加麵一起享用，不只好吃，還很有飽足感。

材料 約 3 ～ 4 人份
牛里肌火鍋肉片…10 片（210g）
洋蔥…1 顆（200g）
老薑…10g
辣椒…1 條
青蔥…2 根

醃料
醬油…1 小匙
米酒…1 小匙
黑胡椒…少許
蛋液（全蛋）…半顆份量
太白粉…1 小匙（最後再拌入）

調味料
海鹽…隨口味
香油…1 小匙

作法

1 牛肉片切適口大小，拌入醃料（太白粉於其他醃料拌勻後，再拌入）醃 5 分鐘；洋蔥順紋切絲、老薑切絲、辣椒斜切、青蔥切段（蔥白與蔥綠分開）備用。

2 熱油鍋，牛肉片入鍋以中火快炒，炒至半熟起鍋備用。

3 原鍋，再加少許油，洋蔥、薑絲、蔥白、少許清水入鍋，以中小火拌炒至洋蔥呈現琥珀色。

4 作法 2 的半熟牛肉回鍋，整鍋拌炒至牛肉片全熟且入味。

5 辣椒及蔥綠入鍋，拌勻。

6 以海鹽及香油調味，拌炒出香氣即完成。

Tips
❶ 牛肉片以蛋液、太白粉醃漬可增加香嫩口感。
❷ 作法 3，將洋蔥炒至呈現琥珀色能讓甜味盡出，減少辛辣口感。

牛肉料理

青椒炒牛肉

炒至香甜柔軟的洋蔥，讓這道青椒炒牛肉有別於一般風味，除了多些甜味，也讓原本獨具個性的青椒氣味，添加了平衡及溫潤口感，連平常不愛青椒的人都願意吃上幾口。

材料 約 2～3 人份

牛肉絲…200g
青椒…1 顆
洋蔥…半顆
辣椒…1 條
蒜頭…3 瓣

醃料

醬油…2 小匙
砂糖…1 小匙
米酒…1 大匙
太白粉…2 小匙（最後再拌入）

調味料

海鹽…隨口味

作法

1 牛肉絲加入醃料（太白粉於其他醃料拌勻後，再拌入），靜置醃 10 分鐘。

2 青椒去籽囊後切絲、洋蔥切絲、辣椒斜切、蒜頭切成蒜末備用。

3 熱油鍋，將醃妥的牛肉絲入鍋，以中火炒至半熟起鍋。

4 原鍋（視情況補油）轉成中小火，將洋蔥及少許水分入鍋，炒至香軟。

5 牛肉絲回鍋，蒜末及辣椒也入鍋，翻炒至幾乎全熟。

6 青椒入鍋，整鍋翻炒均勻。

7 以海鹽調味即完成。

Tips

❶ 亦可將牛肉絲替換成豬肉絲，風味也很好。

❷ 青椒易熟，因此於最後起鍋前再下鍋，翻炒至喜歡的熟度即可起鍋，避免過度翻炒加熱可保青椒翠綠，盛盤較美觀。

牛肉料理

煮味噌蘿蔔牛肉

牛肋條以慢火燉至香軟，最後再加入特別調製的味噌醬汁燜入味，一鍋充滿家味道的「煮味噌蘿蔔牛肉」就完成了。

湯汁甘甜，牛肉香嫩，整體的風味好極了，今晚就煮這道吧！

材料 4 人份
牛肋條…250g
白蘿蔔…500g
紅蘿蔔…150g
老薑…10g
醬汁，預先調妥
味噌…40g
味醂…1 小匙
飲用水…5 大匙
砂糖…2 小匙
調味料
日式鰹魚醬油…3 大匙
清水（或高湯）…500ml

作法

1 牛肋條切小段、白蘿蔔及紅蘿蔔切滾刀塊、老薑切片備用。

2 起一鍋滾水，牛肋條入鍋快速地汆燙，燙至表面變成熟色撈起鍋，以清水將表面雜質沖洗乾淨後備用。

3 取燉鍋，加入少許油，將老薑片入鍋以小火煸香，接著放入牛肋條，以中小火煎至牛肋條呈現焦香。

4 白蘿蔔、紅蘿蔔、日式鰹魚醬油入鍋，整鍋拌炒均勻。

5 加入清水（或高湯），中火煮至沸騰（如有浮沫雜質則撈除），蓋上鍋蓋並轉小火，燜煮 20 分鐘。

6 掀蓋，倒入預先調妥的醬汁，拌煮片刻（使醬汁充分融化）。

7 蓋上鍋蓋，關火，以餘溫續燜 30 分鐘即可享用。

Tips

❶ 牛肋條快速汆燙，並洗掉汆燙時表面附著雜質，可讓成品的風味較純粹減少腥味，另作法 5 的煮滾期間撈除雜質浮沫，也有助於湯頭無雜味。

❷ 市售味噌的鹹度依各品牌不一，請彈性調整所使用的味噌比例，建議於調醬汁時，邊調醬汁邊試味道，嚐起來的味道應比平常吃的口味再鹹一些，但不死鹹。

牛肉料理

酸菜炒牛肉

酸爽鹹香的「酸菜炒牛肉」真的好下飯啊（配麵一起享用也很適合），
尤其是在飢腸轆轆時添碗白飯配著吃，吃在嘴裡，滿足在心裡。
酸菜除了炒牛肉很適合，煮湯風味也相當迷人（p.162），下回上市場
如果看到酸菜的身影，請務必買回家試試。

材料 約 2 ～ 3 人份
牛肉絲…200g
酸菜…1 株（70g）
蒜頭…2 瓣
辣椒…1 根
嫩薑…10g
青蔥…1 ～ 2 根

醃料
米酒…2 小匙
黑胡椒…少許
醬油…2 小匙（隨酸菜鹹度調整
比例）
烏醋…1 小匙
太白粉…1 小匙（於其他醃料拌
勻後再拌入）

調味料
清水…50ml
砂糖…起鍋前依口味調整

作法

1 牛肉絲依序拌入醃料，靜置醃 10 分鐘。

2 酸菜沖洗後擰乾水分，細切後以清水浸
泡 10 分鐘（降低些許鹽分），擰乾水分
備用。

3 蒜頭切成蒜末、辣椒斜切、嫩薑切成絲、
青蔥切段（蔥綠及蔥白分別入鍋）備用。

4 熱油鍋，作法 1 的牛肉絲、蔥白段入鍋，
以中火快炒至半熟，起鍋備用。

5 原鍋補少許油，酸菜、嫩薑絲及清水
50ml 入鍋，以中小火翻炒均勻。

6 牛肉絲回鍋、蒜末及辣椒也入鍋，翻炒
至牛肉絲全熟。

7 蔥綠段入鍋，拌炒片刻即完成。

Tips ─────────────

❶ 亦可以豬肉絲取代牛肉絲，風味也很好。

❷ 市售酸菜的鹹度及酸度不一，建議起鍋前試一
下味道，如覺得太酸，以砂糖調整酸度。

❸ 酸菜浸泡水後，可試吃一小塊，感受酸菜的鹹
度及酸度，並彈性調整醃料裡的醬油比例。

牛肉料理

完全不用擔心牛肋條以熱炒的方式烹調會韌口咬不動，因為經過一定時間的燉煮，牛肋條又香又嫩得引人垂涎，而且韓式泡菜的醬汁充分吸附於牛肉上，酸辣開胃過癮極了。

泡菜炒牛

材料 4人份

牛肋條⋯600g
韓式泡菜⋯200g
青蔥⋯3 根
嫩薑⋯20g

醬汁，預先調妥

醬油⋯1 小匙
砂糖⋯1 小匙
飲用水⋯2 大匙

燉煮料

老薑（切片）⋯10g
米酒⋯2 大匙

作法

1 起一鍋滾水（1500ml），放入牛肋條、燉煮料，以中火煮至沸騰（煮沸期間撈除浮沫雜質），蓋上鍋蓋，轉小火燉煮約40 分鐘（或燉煮至筷子可輕易刺入牛肋條），撈起鍋，切小塊備用。

2 青蔥切段（蔥白及蔥綠分別入鍋）；嫩薑切成絲，備用。

3 熱油鍋，蔥白及作法 1 的牛肋條入鍋，以中火將牛肋條表面煎上色。

4 嫩薑入鍋，拌炒出香氣。

5 韓式泡菜、醬汁入鍋，整鍋翻炒至入味。

6 加入蔥綠，拌勻即完成。

Tips

❶ 作法 1 的燉煮時間依食材大小塊、鍋型有所不同，請以當下條件為主，彈性調整燜煮時間及火力。

❷ 於作法 5 可依喜好加入適量韓式泡菜醬汁，讓整體風味更加濃厚。

蒜蓉金針菇牛肉卷

蒜香味十足的「金針菇牛肉卷」是道速成且受歡迎的家常料理，盛盤時的樣子也很可口，是會讓人想立刻動筷享用的佳肴之一。

確實，大部分的料理一起鍋就大快朵頤，最為享受；且煮至入味的金針菇牛肉卷，很方便一口吃掉一卷，多元滋味在口中四散開來，真過癮。

材料 2～3 人份
牛里肌火鍋肉片…10 片（120g）
金針菇…1 包
醬汁，預先調妥
醬油…2 小匙
蒜末…3 瓣份量
辣椒末…隨口味
飲用水…50ml
海鹽…1/4 小匙
砂糖…1/2 小匙
香油…1/2 小匙

作法
1 金針菇切掉蒂頭後分 10 等分。
2 肉片縱向攤平，下方放入 1 等分金針菇，向上捲起（盡量捲緊）。
3 熱油鍋，作法 2 的肉卷入鍋（肉片接合處朝鍋底先煎），以中小火香煎，煎至肉色呈現熟色。
4 加入醬汁，煮至收汁即完成。

Tips
❶ 作法 3，肉卷入鍋時，以肉片的接合處朝鍋底先煎，可幫助定型，不會散開。
❷ 肉卷入鍋時，先不翻動，待底部煎定型後再翻動，可減少出水。

牛肉料理

韓式香辣馬鈴薯炒牛肉

有點辣又不會太辣，這道「韓式香辣馬鈴薯炒牛肉」很適合胃口不佳或天氣涼想吃濃口料理時端上桌。

肉片充分入味、馬鈴薯也很香軟，另不得不偷偷說，雖然主角是牛肉，但韓式魚板更能吸引我的目光（勝過牛肉），鮮彈微甜的口感及風味讓人想一口接一口，因此盤子裡的韓式魚板我幾乎全包了（笑），下回得多加一些才行。

材料 3～4人份

牛里肌火鍋肉片⋯160g
澳洲白玉馬鈴薯⋯2顆（200g）
韓式魚板⋯70g
青蔥⋯隨喜好

醬汁，預先調妥
飲用水⋯100ml
韓式辣椒醬⋯20g
醬油⋯2小匙
砂糖⋯2小匙
香油⋯1小匙

醃料
米酒⋯1大匙
蒜末⋯1瓣份量
食用油⋯1小匙
太白粉⋯1小匙

作法

1 肉片切適口大小，加入醃料（太白粉除外）充分拌勻後，再加入太白粉抓拌均勻，靜置醃10分鐘。

2 起一鍋滾水，馬鈴薯切小塊後入鍋，煮至筷子可以輕易刺穿，撈起鍋備用。

3 韓式魚板切小塊、青蔥切成蔥花備用。

4 熱油鍋，作法1的肉片入鍋，以中火快炒，炒至半熟時起鍋備用。

5 原鍋，再補少許油，燙妥的馬鈴薯、魚板入鍋，中小火炒至表面焦香。

6 作法4的牛肉回鍋，醬汁也入鍋，拌炒勻均並煮入味。

7 撒入蔥花，拌勻後即完成。

Tips

如喜歡辣味更有層次或辣味更重些，可再加少許韓式辣椒粉（細粉），辣度將會更上一層。

牛肉料理

黑胡椒茄汁洋蔥牛

「黑胡椒茄汁洋蔥牛」的醬汁酸甜中帶有黑胡椒的獨特香氣，吃一口，牛肉香嫩滑口，醬香與黑胡椒香繚繞舌尖，極為享受。

如果不想煮得太麻煩，但又不想隨便吃，就選這道滋味及口感都很豐富的「黑胡椒茄汁洋蔥牛」吧，好吃好煮，端上桌也很有氣勢！

材料　3 人份

牛肉絲…180g
洋蔥…1 顆
蒜頭…2 瓣
辣椒…隨喜好

醃料

黑胡椒（粗粒）…1/4 小匙
蒜泥…1 瓣份量
米酒…1 小匙
醬油…1 小匙
太白粉…1 小匙（最後再拌入）

醬汁，預先調妥

番茄醬…1 大匙
飲用水…3 大匙
醬油…1 小匙
烏醋…1 小匙
黑胡椒（粗粒）…1/4 小匙

調味料

海鹽…隨口味

作法

1　牛肉絲加入醃料（太白粉除外）充分拌勻後，再加入太白粉抓拌勻勻，靜置醃 10 分鐘。

2　洋蔥順紋切絲、辣椒切成小圈、蒜頭切成蒜末，備用。

3　熱油鍋，作法 1 的牛肉絲入鍋，以中大火快炒，炒至半熟起鍋備用。

4　原鍋，再補少許油，洋蔥、蒜末、少許水分入鍋，以中小火拌炒，炒至洋蔥變軟。

5　作法 3 的半熟牛肉、辣椒回鍋，拌炒均勻。

6　醬汁入鍋，拌勻並煮至收汁及入味（可隨口味以海鹽調整鹹味），完成。

Tips

牛肉絲炒半熟後先起鍋，待洋蔥炒軟後再入鍋，可避免牛肉炒太久，口感變乾柴。

牛肉料理

MEAT BURGER DISHES

百變肉堡料理

韭菜花炒蛋肉堡

「韭菜花炒蛋」是道讓人很放心、不容易出錯的家常料理；那麼，將韭菜花炒蛋換作法，與絞肉一起做成肉堡呢？答案是：好吃極了！
豬絞肉的油脂與韭菜花炒蛋十分融合，不只是在口感上，就連香氣也很速配，吃一口就能認定，豬絞肉、韭菜花還有炒蛋，絕對是這道料理的美味三大關鍵，彼此缺一不可。

材料 約 3 ～ 4 人份
韭菜花⋯40g
豬絞肉⋯200g
雞蛋⋯2 顆

醃料
醬油⋯1 小匙
蒜泥⋯1 ～ 2 瓣份量
海鹽⋯1/4 小匙
砂糖⋯1 小匙
米酒⋯1 小匙

作法
1 韭菜花細切；雞蛋打散成蛋液備用。
2 熱油鍋，將蛋液入鍋，炒散，炒熟後起鍋放涼。
3 豬絞肉加入切妥的韭菜花、作法 2 的炒蛋、醃料，攪拌至出現黏性。
4 將作法 3 分成 10 等分，每等分整型成肉堡狀。
5 熱油鍋，將肉堡入鍋以小火香煎。
6 煎至底部呈現金黃色時翻面，蓋上鍋蓋，燜煎至全熟（筷子可輕易刺入，滲出清澈肉汁即熟）。
7 起鍋，靜置片刻即可享用。

Tips
❶ 使用蛋黃顏色較深的雞蛋（橘紅色或較深的鵝黃色）來製作這道肉堡，完成後的肉堡色澤較鮮艷好看。
❷ 韭菜花是韭菜的花苔，購買時選含苞待放未開花的口感最好。

肉堡料理

雞肉豆腐起司堡

雞肉及豆腐比例 1：1 製作而成的「雞肉豆腐起司堡」，果然有著滿滿的黃豆香氣，尾韻瀰漫著起司香氣；豆香、乳香、肉餅香，一吃難忘。喜歡豆腐料理及清爽口味雞肉餅的人，一定會喜歡這道肉堡料理，有誰喜歡呢？我，我第一個舉手（笑）。

材料 約 4 人份
雞胸肉…200g
板豆腐…200g
起司…40g（Mozzarella）

醃料
醬油…2 小匙
砂糖…1 小匙
海鹽…1/4 小匙
麵包粉…3 大匙

作法

1 雞胸肉以刀切碎（或以食物調理機攪成泥），加入板豆腐、起司及全部醃料，以手抓拌至板豆腐的水分被雞肉完全吸收，餡料產生黏性為止。

2 餡料分成 6 等分（或喜歡的大小等分），每等分於雙手掌心來回拋接，同時整型成肉堡狀。

3 熱油鍋，作法 2 的肉堡入鍋以中小火香煎。

4 煎至肉堡雙面均呈現金黃色，蓋上鍋蓋，轉小火燜煎約 2 分鐘。

5 掀蓋，確認全熟（詳見 Tips1）即完成。

Tips —————
❶ 確認肉堡熟度：肉堡煎至呈現緊實感、肉堡中央處微微膨脹或以筷子刺入後，滲出清澈肉汁為熟（如肉汁混濁或有血水，則代表肉堡中心未熟透）。

❷ 板豆腐不用擠掉水分，於拌餡料時讓雞肉吸收板豆腐的水分，可增加肉堡的豆香及多汁口感。

辣味玉米肉堡

吃一口，一下子被口中突然啵滋爆出甜味的玉米給驚豔，一下子又被香辣濃口醬汁給迷惑，迫不及待的再吃一口白飯，讓口中的肉堡與白飯完美融合。

又甜、又辣、又好吃，是「辣味玉米肉堡」的最佳註解。

材料 3～4 人份

雞絞肉…200g
豬絞肉…100g
新鮮玉米粒…60g
蔥花…20g
白芝麻…少許

醃料

海鹽…1/2 小匙
砂糖…1 小匙
米酒…1 大匙
蒜泥…1 瓣蒜頭份量

醬汁，預先調妥

味噌…20g
辣豆瓣醬…1 小匙
砂糖…2 小匙
清水…約 100ml

作法

1 將豬絞肉、雞絞肉、米玉粒、蔥花、全部醃料，置於料理盆，以手攪拌至餡料出現黏性（出筋）為止。

2 將作法 1 分成 8 等分（或喜歡的大小等分），每等分於雙手掌心來回拋接，同時整型成肉堡狀。

3 取平底鍋，熱油鍋後將肉堡入鍋，以小火香煎

4 肉堡底部煎至定型且呈現金黃色時，翻面，蓋上鍋蓋，轉小火燜煎 2～3 分鐘。

5 掀蓋，倒入醬汁，煮至醬汁變得濃稠（同時翻動肉堡，幫助均勻上色入味）。

6 起鍋，盛盤後撒入少許白芝麻，完成。

Tips ——————————

❶ 作法 2 整型肉堡時，將雙手沾溼再操作，可有效防止肉餡沾手；另肉餡於雙手掌心來回拋接，可幫助肉餡中的空氣排出，讓肉堡入鍋香煎時不易散開、口感也會更札實。

❷ 作法 5 收汁時，請避免收太乾（水分煮乾），以確保醬汁不因為水分蒸發太多，導致過鹹。

肉堡料理

洋蔥肉堡

自己做肉堡的優點是，可以很隨興並依自己的喜好來備料。

例如這道洋蔥肉堡，就是因為很喜歡洋蔥的味道，所以索性多加些，幸好，完成後的口感很香甜，很有層次；洋蔥又再次成功的達成美味任務了。

材料 4 人份

豬絞肉…200g

洋蔥…200g

醃料

雞蛋…1 顆

蔥花…1 根份量

醬油…2 小匙

海鹽…1/4 小匙

砂糖…1 小匙

麵包粉…5 大匙

作法

1 洋蔥切丁，以少許熱油翻炒至色澤轉成焦糖色，起鍋放涼。

2 將作法 1 的洋蔥、豬絞肉、醃料，放入料理盆裡充分攪拌，拌至餡料出現黏性（出筋）後分成 4 等分，每等分於雙手掌心來回拋接，同時整型成肉堡狀。

3 取平底鍋，熱油鍋後將作法 2 的肉堡入鍋，以中小火香煎，煎至底部定型且呈現金黃色。

4 翻面，蓋上鍋蓋，轉小火燜煎約 4 分鐘（依鍋具及肉堡厚度微調時間）。

5 掀蓋，以筷子刺入肉堡，如孔洞滲出清澈肉汁即熟，起鍋。

6 置於網架上，略放涼片刻，即可享用。

Tips

❶ 將洋蔥丁翻炒至焦糖色，可減少辛嗆味，增加甜味，讓肉堡風味更佳。

❷ 作法 2 整型肉堡時，可將雙手沾溼再操作，可有效防止肉餡沾手；另肉餡於雙手掌心來回拋接，可幫助肉餡中的空氣排出，讓肉堡入鍋香煎時不易散開、口感也會更扎實。

肉堡料理

洋蔥韭菜豬肉堡

厚實富含肉汁的洋蔥韭菜豬肉堡，一次吃 2 顆就很有飽足感了，一起鍋就享用最滿足，另放入便當當成便當主菜時，一次擺入兩顆肉堡，看起來有點霸氣又有點可愛，看了印象深刻，吃了回味無窮。

材料 3 ~ 4 人份
豬絞肉…300g
洋蔥…100g
韭菜…30g

醃料
蒜泥…1 瓣份量
醬油…2 小匙
海鹽…1/2 小匙
黑胡椒…少許

作法

1 洋蔥切成小丁、韭菜細切，備用。

2 取料理盆，放入豬絞肉、洋蔥丁、韭菜及全部醃料，以手拌至餡料出現黏性為止，靜置醃 10 分鐘。

3 作法 2 分成 6 等分，每等分於雙手掌心來回拋接（排出空氣），同時整成肉堡狀。

4 熱油鍋，作法 3 的肉堡入鍋，以中小火香煎，煎至底部呈現金黃色且定型。

5 翻面，加入 1 大匙清水後，蓋上鍋蓋，小火燜煎約 3 分鐘，起鍋。

6 起鍋後置於網架上，靜置片刻（鎖肉汁）即可享用。

Tips

❶ 作法 2 於拌餡料時，充分抓拌出現黏性（出筋），有助入鍋時肉堡不易散開。

❷ 作法 5 燜煎前加入少許清水，讓鍋內產生蒸氣，並利用蒸氣來燜煎肉堡，此舉能讓肉堡保有溼潤口感。

❸ 作法 5 燜煎時，請依使用的鍋款及肉堡厚度，彈性調整燜煎時間。

❹ 起鍋前，可以筷子刺入肉堡測試熟度，如筷子的孔洞滲出清澈肉汁，即代表肉堡中心熟了，可以準備起鍋了！

醬瓜肉堡

使用了 2 種口味的醬瓜，一是辣味剝皮辣椒，再來是甘甜清脆的脆瓜，兩種醬瓜各具特色，讓肉堡的風味更加多元。

當覺得肉堡有點辣時，脆瓜的甜味平衡了辣味；又當覺得肉堡吃來無奇時，剝皮辣椒突如其來的一陣香辣，送給味蕾更上一層的體驗與冒險，滋味多變，真是熱鬧又美味的肉堡啊。

材料 3～4 人份

豬絞肉…300g
剝皮辣椒…30g
脆瓜…30g
青蔥…10g

醃料
脆瓜醬汁…1 大匙
醬油…1 小匙
蒜泥…1 瓣份量
白胡椒粉…少許

作法

1 剝皮辣椒及脆瓜切細碎、青蔥切成蔥花，備用。

2 取料理盆，放入豬絞肉、剝皮辣椒、脆瓜、蔥花及醃料，抓拌至餡料產生黏性為止，靜置醃 10 分鐘。

3 作法 2 分成 8 等分（或喜歡的大小等分），每等分於雙手掌心來回拋接（排出空氣），同時整成肉堡狀。

4 熱油鍋，肉堡入鍋，以中小火香煎，煎至底部呈現金黃色且定型。

5 翻面，加入 1 大匙清水，蓋上鍋蓋以小火燜煎約 3 分鐘，起鍋。

6 起鍋後置於網架上，靜置片刻（鎖肉汁）即可享用。

Tips

❶ 作法 2 於拌餡料時，充分抓拌出現黏性，有助入鍋時肉堡不易散開。

❷ 作法 5 燜煎前加入少許清水，讓鍋內產生蒸氣，並利用蒸氣來燜煎肉堡，此舉能讓肉堡保有溼潤口感。

❸ 作法 5 燜煎時，請依使用的鍋款及肉堡厚度，彈性調整燜煎時間。

❹ 起鍋前，可以筷子刺入肉堡測試熟度，如滲出清澈肉汁，即代表肉堡中心熟了，可以準備起鍋了！

肉堡料理

鹽麴玉米雞肉堡

香甜的鹽麴玉米肉堡看起來好可愛，吃起來還有幸福感，是顏值及 CP 值都很高的美味料理；對了，除了玉米及紅蘿蔔，任何喜歡的食材都可以大膽嘗試看看，肉堡料理就是這麼有趣。

材料 2～3 人份

雞胸肉…200g
新鮮玉米粒…30g
紅蘿蔔…20g

醃料
鹽麴…20～25g
白胡椒粉…少許

作法

1 雞胸肉以食物調理機攪成絞肉、紅蘿蔔切小細丁，備用。

2 起一鍋滾水，投入玉米粒及紅蘿蔔，汆燙 1 分鐘後撈起鍋放涼。

3 取料理盆，放入雞絞肉、作法 2、醃料，抓拌至餡料產生黏性為止，靜置 10 分鐘醃入味。

4 將餡料分成 6 等分，每等分於雙手掌心來回拋接（排出空氣），同時整成肉堡狀。

5 熱油鍋，肉堡入鍋，以小火香煎，煎至底部呈現金黃色且定型，翻面。

6 蓋上鍋蓋，燜煎約 3 分鐘（依鍋具及肉堡厚度微調時間）。

7 確認熟度（詳見 Tips 2），完成。

Tips

❶ 以鹽、米麴發酵而成的鹽麴有著清雅酒香，除可為料理增加風味，用在醃肉亦可增加肉質軟嫩功效；另鹽麴的鹹味十足，可於烹調中取代鹽巴，一舉多得。

❷ 起鍋前，以筷子刺入肉堡測試熟度，如筷子的孔洞滲出清澈肉汁，即代表肉堡中心熟了，可以準備起鍋了！

肉堡料理

STAPLE FOOD & BEAN DISHES

一吃就停不下來的主食&豆料理

好吃蛋炒飯

炒得鹹香乾爽的蛋炒飯，是我家餐桌上的常客，因為作法很有彈性，想加什麼食材，隨時可以依心情調整，有時冰箱的零碎食材也能順便一起入鍋，方便極了。

雖然作法多元，但我最常烹調的基本食材通常是蔥花、紅蘿蔔及雞蛋，光是這三樣基本食材，就能讓蛋炒飯好吃無比，且集合了黃色（雞蛋）、紅色（紅蘿蔔）、綠色（蔥花），讓炒飯不只繽紛好看，也更加營養。

因為好好吃，就直接叫它「好吃蛋炒飯」吧！

材料　3 人份

熟白飯（冷）…400g
（約 2.5 碗）
雞蛋…5 顆
紅蘿蔔…30g
青蔥…1～2 根

調味料

醬油…1 大匙
海鹽…少許

作法

1 雞蛋打散成蛋液、紅蘿蔔切成絲、青蔥切成蔥花，備用。
2 熱油鍋，蛋液入鍋以中火快速翻炒，炒至略熟時起鍋。
3 原鍋，再補少許油，將紅蘿蔔絲、熟白飯入鍋，將白飯炒至粒粒分明、紅蘿蔔絲炒熟。
4 作法 2 的半熟炒蛋回鍋，與白飯翻炒均勻。
5 加入醬油，拌炒均勻後，試一下鹹味，再加入少許海鹽提味。
6 撒入蔥花，將蔥花也炒出香氣即完成。

Tips

❶ 這道蛋炒飯的主要鹹味來自海鹽，醬油為增加色澤，因此，在調味時醬油不要下太多（以避免炒飯色澤太深），以少許醬油炒出喜歡的色澤後，再以適量的海鹽調整鹹味。

❷ 冷飯的水分較少、黏性較低，所以使用冷飯來炒蛋炒飯，能炒出粒粒分明、口感乾爽的好吃蛋炒飯。

皮蛋肉末豆腐

吃膩了涼拌皮蛋豆腐嗎？來試試熱炒式的「皮蛋肉末豆腐」吧！
將絞肉以油蒜炒香後，再與皮蛋、豆腐及醬汁做完美的結合，經過一番
熱炒，皮蛋的獨特滋味更加凸顯了，與香軟的豆腐一起享用極為速配，
配飯、拌飯或拌麵都合宜。

材料 3～4人份

板豆腐…200g
豬絞肉…100g
皮蛋…2顆
辣椒…隨喜好
蒜頭…2瓣
洋蔥…70g
青蔥…1～2根

醬汁，預先調妥

香菇素蠔油…2大匙
砂糖…1小匙
醬油…1小匙
飲用水…50ml
香油…1小匙

作法

1 板豆腐切小塊、皮蛋切小丁、辣椒切成
  小圈、蒜頭切成蒜末、洋蔥切成小丁、
  青蔥切成蔥花，備用。
2 熱油鍋，蒜末入鍋以中小火炒香。
3 醃妥的絞肉入鍋，翻炒至肉末幾乎全熟。
4 洋蔥入鍋，拌炒至洋蔥呈現半透明。
5 板豆腐、皮蛋、辣椒、醬汁入鍋，煮至
  入味。
6 撒入蔥花，拌勻後即完成。

Tips ————

❶ 如要拌飯拌麵，可於醬汁比例再做調整（鹹分
  及水分都再多一些）。
❷ 喜歡吃辣的人，佐入辣椒醬也很對味。

主食&豆料理

金針菇煮豆腐

這是一道需要溫柔以對的料理，只要稍微用力過度，雞蛋豆腐就碎了；盛盤時也千萬別急，得輕輕的將鍋子裡嬌嫩的豆腐，慢慢地推至盤中。急性子如我，煮豆腐的料理總會讓自己有一種，今天又完成一項靜心修煉任務的感覺，緊張又刺激，但這一切都是值得的，能吃到好看又好吃的豆腐，心情也會跟著飛揚。

材料 4 人份

雞蛋豆腐…1 盒
金針菇…1 包
蒜頭…2 瓣
青蔥…1～2 根

醬汁，預先調妥
醬汁…1 大匙
烏醋…2 小匙
砂糖…1～2 小匙
香油…1 小匙

調味料
海鹽…隨口味

作法

1 雞蛋豆腐切小方塊、金針菇去蒂頭後切小段、蒜頭切成蒜末、青蔥切成蔥花備用。
2 熱油鍋，豆腐與蒜末一起入鍋，以中小火煎至豆腐呈現金黃色澤。
3 金針菇、醬汁入鍋，整鍋輕輕拌勻。
4 嚐味道，以海鹽調整習慣的鹹度。
5 撒入蔥花，完成。

Tips

❶ 喜歡吃辣的人，可加入辣椒醬，風味更佳。
❷ 亦可使用嫩豆腐或板豆腐取代雞蛋豆腐。

主食&豆料理

韓風馬鈴薯

冰過後再吃，更好吃的「韓風馬鈴薯」是家裡冰箱裡的常備料理，鮮紅的色澤除了有開胃效果，用來裝飾餐點也很加分。

對了，看起來很辣，但口感屬酸香小辣，怕太辣的人請放心享用。喜歡辣一點的人，將韓式辣椒粉由粗粉換成細粉，另再加少許韓式辣椒醬，就能滿足想吃辣的胃口了。

材料 可常備

馬鈴薯⋯2 顆（約 370g）
醬汁，預先調妥
醬油⋯1.5 大匙
韓國辣椒粉（粗粉）⋯1 大匙
清水⋯3 大匙
白醋⋯1 大匙
砂糖⋯1 大匙
海鹽⋯1/4 小匙
香油⋯1 小匙

作法

1 馬鈴薯去皮後切成絲，以清水清洗 3 回（反覆換水 3 次，直到水質由混濁變成清澈為止），瀝乾水分備用。

2 熱油鍋，馬鈴薯絲入鍋以中小火翻炒，拌炒至軟。

3 倒入預先調妥的醬汁，煮入味即可起鍋。

Tips

❶ 作法 1 將馬鈴薯以水沖洗洗掉澱粉質，可幫助口感呈現微脆口感，拌炒時亦不會因為澱粉質太多造成黏糊。

❷ 冷藏後（免復熱）直接享用，風味更佳。

主食&豆料理

日式照燒山藥

日本山藥除了可以磨成泥生吃，煎成照燒口味的鹹甜料理也超級適合，以醬汁燒至通紅的山藥造型除了可愛討喜，香甜軟綿及滑溜的口感，吃起來還有點有趣呢！

材料 約 3 人份

山藥⋯200g（食譜使用的是日本山藥）
巴西里⋯適量（可省略）

醬汁，預先調妥
薄鹽醬油⋯1 大匙
味醂⋯1 大匙
蜂蜜⋯1 小匙

作法

1 山藥去皮後厚切（厚度約 1cm）、巴西里切碎備用。
2 熱油鍋，山藥入鍋以中小火香煎，煎至雙面呈現金黃色。
3 加入醬汁，以小火煮入味及收汁即可起鍋。
4 盛盤時，撒入巴西里碎點綴，完成。

Tips

山藥的黏液含有草酸鈣針狀結晶體，接觸皮膚容易造成發癢或過敏等不適，因此在削山藥皮或切片時，建議戴上手套隔離山藥黏液。

主食&豆料理

滷煮香菇豆乾

滷煮香菇豆乾可以帶便當、可以一起鍋就現吃、可以冰過後再吃、可以當零嘴吃，超多種「很可以」的吃法，每種吃法都很適合，最重要的是，享用當下心情總是愉悅，這就是家味道料理的魅力。

材料 4 人份

乾香菇…小朵 6 朵
小豆乾…300g
薑片…2 片
八角…1 ～ 2 個
辣椒…1 根

調味料

熱炒油…2 大匙
醬油…1 大匙
香菇素蠔油…1 大匙
砂糖…1 大匙
香菇水…300ml

作法

1 乾香菇洗淨後，以冷水泡軟，並視大小切塊（香菇水留用）。
2 熱油鍋，薑片入鍋煸出香氣。
3 豆乾、泡軟的乾香菇入鍋，煎至豆乾表面焦香。
4 加入醬油、香菇素蠔油、砂糖，翻炒上色。
5 加入泡香菇的香菇水、辣椒、八角，蓋上鍋蓋以小火燜煮 5 分鐘。
6 取出香菇，豆乾留鍋裡繼續以小火燜煮約 5 分鐘。
7 掀蓋，以中火收汁（醬汁變濃稠）。
8 作法 6 的香菇回鍋，拌勻即完成。

Tips ——————

❶ 如不急著享用，冷藏一夜，風味更佳。
❷ 乾香菇容易入味（滷太久也容易過鹹），因此於滷煮 5 分鐘後先取出，留豆乾繼續煮入味。

主食 & 豆料理

豐滿海味與濃郁香菇融合而成的美味鹹粥，味道濃烈的中卷與香菇各自獨占鰲頭 50%，兩者加在一起剛好是百分百的美味，起鍋前的芹菜末、白胡椒粉及海鹽一入鍋，整鍋風味更加立體，更上一層了。

在鎖管的季節裡，就是要來一鍋垂涎海鮮粥，祭祭五臟廟呀！

材料 約 4 人份

熟白飯…300g（約 2 碗）
中卷…1 尾（210g）
乾香菇…3 朵
芹菜…1 株
嫩薑…10g（分次入鍋）
油蔥…10g

調味料

米酒…1 大匙
香菇水…500ml（浸泡香菇的水）
清水…500ml
海鹽…隨口味
白胡椒粉…少許

作法

1 中卷清除內臟，切成圈狀；乾香菇洗淨以 500ml 的冷水浸泡至軟，切絲；芹菜挑掉葉子後切末；嫩薑切成絲。

2 熱油鍋，中卷、一半份量的嫩薑絲入鍋，以中火拌炒。

3 熗入米酒，拌炒至中卷的色澤透白，起鍋備用。

4 原鍋，再補少許油，將香菇、另一半的嫩薑絲入鍋炒出香氣。

5 加入香菇水及清水、熟白飯，拌勻後蓋上鍋蓋，以小火燜煮約 12 分鐘。

6 掀蓋，作法 3 的中卷回鍋、芹菜末及油蔥酥入鍋，拌勻。

7 以海鹽及白胡椒粉調味，完成。

Tips

作法 5 的燜煮時間，依所使用的鍋具及火力大小而有所不同，燜煮期間可掀蓋攪拌順道檢視水分，以調整火候及燜煮時間。

蒜味橄欖油義大利麵

蒜味義大利麵就是好吃，在家也能輕鬆完成蒜香四溢的義大利麵，喜歡蒜一點的，就多點蒜末，擔心吃完有口氣的，少些也無妨。

蒜多蒜少，麵硬麵軟，全部可以客製，在家煮義大利麵就是這麼有彈性，但堅持不能更改的，即是使用品質好的義大利麵及特級初榨橄欖油，這兩項重點食材絕對不放水，經典好吃的義大利麵才能自信滿滿地端上桌。

材料 2人份

義大利麵…160g
蒜片…30g
蒜末…20g
特級初榨橄欖油…
3～4大匙
起司粉…隨口味

煮麵材料
水…2000ml
海鹽…20g

作法

1 起一鍋水（2000ml）水滾後加入 20g 的海鹽及義大利麵，以中火煮至喜歡的軟度（可參考義大利麵包裝袋上所建議的時間再少 2 分鐘，喜歡軟點的，則煮滿袋上標示的分鐘數），撈起鍋備用，煮麵水預留少許，熱炒時使用。

2 鍋內加入較多的特級初榨橄欖油，蒜片入鍋（冷鍋冷油）以小火慢慢煸至金黃色，起鍋，置於紙巾上吸油備用。

3 原鍋原油加入蒜末，炒出香氣。

4 作法 1 的義大利麵與適量煮麵水一起入鍋，翻炒均勻。

5 加入起司粉，持續翻炒義大利麵，待起司拌炒均勻，起鍋。

6 盛盤，加入作法 2 的蒜片，即可享用。

Tips

❶ 義大利麵入鍋水煮時，需拌一下，以防止麵體黏在一起，影響口感。

❷ 作法 2，蒜片起鍋後表面的熱油仍會持續加熱，因此請預留續熱時間，提早起鍋，以防蒜片因為煸過熟而產生苦味。

❸ 煮麵水已有一定的鹹度（起司粉也有鹹度），因此無須再加鹹味相關的調味。

主食&豆料理

茄汁嫩豆腐

拌飯拌麵都很適合的「茄汁嫩豆腐」是我家的餐桌常客，色澤紅潤看來討喜，酸香味道也很好開胃，番茄盛產季節一定要常煮。

更值得讚許的是，以番茄為主，豆腐為輔，口感清爽又營養，讓人吃起來很放心。

材料 約 3 ～ 4 人份

嫩豆腐…300g
小番茄…100g
蒜頭…3 瓣
青蔥…1 根量

醬汁，預先調妥
薄鹽醬油…1 大匙
飲用水…1 大匙
番茄醬…1 大匙

豆腐浸泡材料
清水…250ml
海鹽…1 小匙

作法

1 嫩豆腐以「豆腐浸泡材料」浸泡 30 分鐘，瀝掉水分並以紙巾吸拭豆腐上的水分，切小方塊。

2 小番茄對切、蒜頭切成蒜末、青蔥切成蔥花備用。

3 熱油鍋，蒜末、小番茄入鍋以中小火炒香。

4 加入嫩豆腐、醬汁，輕輕拌勻並煮至收汁。

5 起鍋前撒入蔥花即完成。

Tips ———————————————

❶ 嫩豆腐以鹽水浸泡片刻，可幫助入鍋較不易破碎及醬汁煮入味。

❷ 如覺得嫩豆腐較難操作，亦可以較耐翻炒的板豆腐取代。

主食&豆料理

熱炒玉米

捨棄重口味醬汁，「熱炒玉米」走清爽路線，特地將玉米的香甜味完整保留下來，讓酸鹹醬汁與甜洋蔥擔當風味大使。

享用時，會爆汁的甜玉米佐上酸香洋蔥，兩者在口中融合甘甜，有韻味。

材料 2人份

玉米…1 條（210g）
洋蔥…半顆（80g）
蒜頭…2 瓣
油蔥酥…5g

醬汁，預先調妥

香菇素蠔油…2 大匙
米酒…1 小匙
烏醋…1 小匙
飲用水…3 大匙

作法

1 玉米切小段後再分切成小塊、洋蔥切小塊、蒜頭切成蒜末備用。

2 熱油鍋，玉米、洋蔥入鍋，以小火將玉米及洋蔥煸炒至香。

3 蒜末及油蔥酥入鍋，拌勻。

4 加入醬汁，拌勻後蓋上鍋蓋，以小火燜煮約 2 分鐘（期間掀蓋拌炒一次），完成。

Tips

輕鬆切玉米（汁液及玉米粒不會到處噴飛）：
利用刀子的「刀跟」切入，刀跟嵌入玉米後，
左右晃動刀子將玉米切斷，再將切小段的玉米
直立（比較安全及好切），一手握刀，另一手
於「刀背」上施力，垂直切下即完成。

· 刀跟：刀刃的後端，靠近刀柄處。

· 刀背：刀刃的上端，無刃厚實不鋒利。

主食＆豆料理

日式炒烏龍麵

今晚吃炒烏龍麵喔！

一早就預告晚餐的安排，這菜單一宣布不得了了，一整天思思念念的就是那盤料超多、口感超Q的烏龍麵。

炒烏龍麵的畫面在腦海裡轉了一天，晚餐吃到時，果真麵Q料又多，想吃的欲望終於被滿足了，放下一件心事了呢！

材料 2人份

烏龍麵…200g（1包，免退冰）
豬五花肉片…200g
乾香菇…3朵
高麗菜…200g
木耳…30g
紅蘿蔔…20g
蒜頭…4瓣

調味料

鰹魚醬油…2大匙
海鹽…隨口味
七味粉…少許
香菇水…適量（浸泡香菇的水）

作法

1 豬五花肉片切適口大小、乾香菇以冷水泡軟後切絲（浸泡的水留用）、高麗菜切小片、木耳及紅蘿蔔切絲、蒜頭切末，備用。

2 熱油鍋，將肉片及蒜末入鍋，以中火快炒至半熟，起鍋備用。

3 原鍋再補少許油，將木耳、香菇及紅蘿蔔入鍋拌炒片刻。

4 加入高麗菜、少許香菇水，拌炒至高麗菜變軟。

5 將作法2的半熟肉片、烏龍麵、香菇水（80～100ml）入鍋，蓋上鍋蓋，以小火燜煮約3分鐘。

6 掀蓋，將燜軟的烏龍麵炒散，整鍋拌炒均勻。

7 以鰹魚醬油、海鹽、七味粉調味即完成。

Tips

市售烏龍麵是烏龍麵在熟麵的狀態下，經過急速冷凍技術製成，因此烹調前不用退冰或滾水預先煮過，直接入鍋快速復熱即可。

主食&豆料理

辣炒肉絲冬粉

辣炒肉絲冬粉是一道與時間賽跑的料理啊！

起鍋前湯汁還滿滿的，怎麼才一轉眼，湯汁就被冬粉給吸光了，但不打緊，幸好有預留湯汁給冬粉了，所以整體口感依然溼潤好吃，且吸飽醬汁的冬粉反而更入味了！

想吃有醬汁口感的，一起鍋就盡快享用吧；想吃乾爽 Q 彈的辣冬粉，請靜待片刻再開動。

材料 約 2～3 人份

冬粉…2 把
豬肉絲…200g
紅蘿蔔…30g
青蔥…2 根
蒜頭…3 瓣
老薑…1 片

醃料

醬油…2 小匙
砂糖…1 小匙
五香粉…少許
太白粉…2 小匙（最後再拌入）

調味料

辣豆瓣醬…2 大匙
醬油…1 大匙
砂糖…1 小匙
清水…500ml（依冬粉的吸水性微調水量）

作法

1 肉絲加入醃料（太白粉除外）攪拌均勻，拌勻後加入太白粉，再度拌勻後靜置醃 10 分鐘。
2 冬粉以冷水浸泡至軟，剪一刀（讓長度短些）；紅蘿蔔切絲、青蔥切成蔥花、蒜頭切成蒜末、老薑切碎，備用。
3 熱油鍋，作法 1 的肉絲入鍋，以中火快炒至半熟，起鍋備用。
4 原鍋，再補少許油，油熱後將紅蘿蔔絲入鍋，以中小火炒軟。
5 作法 3 的肉絲回鍋，蒜末、薑末也入鍋，拌至肉絲全熟。
6 辣豆瓣醬入鍋，炒出香氣後，加入醬油、砂糖，炒勻。
7 加入清水，蓋上鍋蓋煮至沸騰。
8 加入冬粉，煮至冬粉吸收部分水分及入味（起鍋後冬粉會持續吸水，需預留水分）。
9 撒入蔥花，拌勻後即完成。

Tips

冬粉會吸水，因此作法 7 的水量可多些，另作法 8 的醬汁不要讓冬粉吸收太多，預留起鍋後冬粉持續吸水的份量。

主食&豆料理

SEAFOOD DISHES

● ● ● ● ● ● ● ●

有滋有味海鮮料理

每當餐桌想來點儀式感時，我就會端出這道營養又好看的「蒜香奶油鮭魚菲力」！

以簡單的烹調方式，盡享鮭魚的美好滋味，再來點小心機，放入翠綠香草葉、通紅小番茄，最後，將蒜末很隨興地揮灑於盤中～完美！

自家餐桌上，也能樂享吃大餐的儀式感，真好！

蒜香奶油鮭魚菲力

材料 2 人份
鮭魚菲力…160g
蒜末…3 瓣份量
無鹽奶油…約 10g

鮭魚醃料
海鹽…少許
黑胡椒…少許
義式綜合香料…隨口味

作法
1 鮭魚洗淨後拭乾水分，加入醃料，將醃料抹勻後醃 10 分鐘。
2 起油鍋，將鮭魚入鍋（魚皮面先煎），以中小火香煎，煎至呈現金黃且熟。
3 紙巾吸拭鮭魚釋出的油脂，加入奶油，煮至融化。
4 加入蒜末，同時讓鮭魚均勻沾上奶油及蒜末，煮至香氣四溢，完成。

Tips
❶ 鮭魚菲力入鍋前，如有滲出水分，則輕輕拭乾後再入鍋，一來避免油爆，二來可減少腥味。
❷ 鮭魚一入鍋，以鍋鏟輕壓，可防止鮭魚遇熱縮小太多及幫助表面快速煎至焦香。
❸ 盛盤時，可擺些綠色及紅色的食材點綴，讓端上桌時吸引目光，看起來更好吃。

番茄蒜味蝦

大口吃蝦真是件痛快的事！

就這麼一口吃掉一尾，酸甜番茄醬汁與香濃蒜香，配上彈牙蝦肉在口中完美融合，好吃，無敵滿足；更滿足的是，如此美味的蝦仁料理，自己在家也能快速完成。

材料 2人份

蝦仁…180g
牛番茄…80g
蒜頭…4瓣

醃料

海鹽…1/2 小匙
米酒…2 小匙

調味料

番茄醬…1 大匙
砂糖…1 小匙
海鹽…隨口味

作法

1 蝦仁挑除腸泥後開背（詳見 Tips 2），
　加入醃料，拌勻後醃 5 分鐘。

2 牛番茄切小丁、蒜頭切成蒜末備用。

3 熱油鍋，蝦仁入鍋以中火香煎，煎至顏
　色轉紅，起鍋備用。

4 原鍋，補少許油後加入蒜末，炒出香氣。

5 番茄入鍋，拌勻後加入番茄醬、砂糖，
　炒至色澤通紅。

6 作法 3 的蝦仁回鍋，以少許海鹽調味並
　拌勻，完成。

Tips

❶ 建議使用大尾的蝦仁料理，完成
　後的口感較扎實好吃。

❷ 蝦仁開背（於背上輕劃一刀）後，
　能讓蝦仁下鍋遇熱捲成一球，樣
　子很可愛，也很方便入口。

海鮮料理

鮭魚洋蔥蛋卷

現吃或帶便當都很適合的「鮭魚洋蔥蛋卷」料理方式很簡便，隨時都能想吃就吃，且將超級營養的鮭魚及雞蛋合而為一，營養再加倍，能量滿滿。

雙主角，雙營養～上桌！

材料 3～4 人份

雞蛋…3 顆
鮭魚菲力…100g
洋蔥…50g（約 1/4 顆）

調味料
海鹽…1/2 小匙
味醂…1 大匙

作法

1 鮭魚菲力及洋蔥都切小丁後，以少許熱油炒至焦香，起鍋略放涼。

2 雞蛋加入作法 1，加入調味料，攪拌均勻成鮭魚蛋液。

3 取平底鍋，熱油鍋後倒入鮭魚蛋液，以中小火煎至蛋液邊緣略凝固時，捲成蛋卷狀。

4 將蛋卷煎至全熟（以筷子刺入，停留 5 秒，取出後筷子留有餘溫，無殘留蛋液即熟），起鍋。

5 置於網架上放涼片刻，切塊享用。

Tips

❶ 鮭魚菲力為已去掉魚刺、無魚骨的鮭魚純肉，亦可使用輪切片的鮭魚（自行將魚刺及魚骨去除）；無論使用的是無刺菲力或是自行去刺的輪切，於烹調前都建議以手指輕輕按壓，檢查有無殘留的魚刺，食用時比較安全。

❷ 作法 1 確實將洋蔥及鮭魚炒出焦香感，可讓整體風味更上一層。

❸ 如擔心鮭魚的魚腥味，可於切丁前去掉魚皮以減少腥味。

海鮮料理

甜味噌燒鯖魚

甜口味的鯖魚嚐起來有股可愛感，像是原本該剽悍的鯖魚，被香甜的醬汁給融化了，醬汁發揮功效稀釋腥味，為舌尖帶來溫雅回甘。
柔軟，滋味豐富且易於親近，是這道鯖魚的最佳註解。

材料 2 人份
市售薄鹽鯖魚…1 片（130g）
蔥花…1 根份量
老薑…3 片
麵粉…1 大匙

醬汁，預先調妥
薑泥…1/4 小匙
味噌…10g
米酒…2 大匙
飲用水…50ml
砂糖…2 小匙

作法

1 薄鹽鯖魚切塊，雙面沾一層薄麵粉，備用。

2 熱油鍋，放入老薑片、作法 1 的鯖魚入鍋（魚皮面朝鍋底先煎）以中小火煎至魚皮面呈現金黃色。

3 翻面，加入醬汁，煮至收汁並入味。

4 撒入蔥花，完成。

Tips

❶ 市售薄鹽鯖魚及味噌的鹹度及甘甜味不一，請於調製醬汁時邊調邊試味道，依喜好彈性調整比例。

❷ 將鯖魚沾上麵粉再香煎，有助吸附醬汁，讓風味更上一層。

海鮮料理

香煎蝦仁

蝦仁入鍋沒多久，濃郁的香氣飄散滿屋，迫不及待的想立刻吃到，幸好，蝦仁很快就熟了不用等待太久，幾分鐘後就能滿足想吃的欲望了。
想吃，立刻就能吃到，是何等幸福的事，蝦仁料理就是有這樣的魔力，簡單、快速、美味。

材料 2人份
蝦仁（大尾）…180g
巴西里（切碎）…少許

醃料
海鹽…1/4 小匙
米酒…2 小匙
蒜泥…1 瓣份量

沾粉，混合均勻
太白粉…1 大匙
中筋麵粉…1 大匙

作法
1 蝦仁挑掉腸泥（挑腸泥方式請見 p.15），洗淨後拭乾水分，加入醃料拌勻，靜置 10 分鐘。
2 作法 1 的蝦仁均勻的沾上沾粉，靜置片刻（粉末與蝦仁表面融合）。
3 熱油鍋，作法 2 的蝦仁入鍋，以中火香煎。
4 蝦仁煎至兩面通紅，撒入巴西里碎即完成。

Tips
❶ 將太白粉及麵粉混合而成的沾粉，可讓蝦仁有香酥帶 Q 的口感。
❷ 烹調前將蝦仁的腸泥挑掉，口感及風味都會較好，請不要省略。

海鮮料理

濃口奶油洋蔥蛤蜊

這道料理取名為「濃口」一點也不誇張！

將炒出甜味的洋蔥、蒜末與奶油，先煮出全部精華，接著主角蛤蜊登場，入鍋後的蛤蜊充分吸收湯汁裡的精華，每一顆蛤蜊肉都不客氣地吸飽湯汁，好濃郁，好好吃。

材料 2 人份

蛤蜊…300g
洋蔥…100g
蒜頭…2～3 瓣
培根…2 條（50g）
辣椒…隨喜好

調味料

米酒…1 大匙
清水（或高湯）…100ml
無鹽奶油…20g（分次入鍋）

作法

1 蛤蜊吐沙後備用（吐沙方式請見 p.16）；洋蔥切小丁、蒜頭切成蒜末、培根細切、辣椒斜切，備用。

2 起鍋，培根入鍋（免入油），以中小火煎至焦香且油脂釋出，夾起鍋備用（油留用）。

3 原鍋，免入油，以煎培根的油脂翻炒洋蔥，炒至洋蔥呈現金黃色澤。

4 蒜末、奶油（10g）入鍋，炒至奶油融化，飄出香氣。

5 加入清水（或高湯），拌勻後蓋上鍋蓋，以小火燜煮約 1 分鐘（或鍋裡湯汁呈現濃郁感）。

6 掀蓋，加入蛤蜊、米酒，拌炒均勻後再蓋上鍋蓋，以中火燜煮至蛤蜊全部打開。

7 掀蓋，加入奶油（10g）、作法 2 的培根、辣椒，整鍋翻炒均勻，完成。

Tips

作法 5 將蒜末及奶油燜煮片刻，可讓香氣完全釋出，後續再下蛤蜊，蒜香奶油味道更濃郁，蛤蜊也會跟著入味。

海鮮料理

酒香蒜味蛤蜊

海味十足的蛤蜊料理一上桌，立刻被秒殺，就連湯汁一滴也不剩！
說到湯汁，當然也要喝光不能剩啊，因為所有鮮味精華都濃縮於此了，
無論是拌在飯上、拌在麵裡或直接喝，都是味蕾的極致享受，Enjoy！

材料 2 人份
蛤蜊…300g
蒜頭…30g
嫩薑…10g
辣椒…隨口味
青蔥…1 根
調味料
米酒…100ml

作法

1 蛤蜊吐沙完成（吐沙方式請見 p.16）；
 蒜頭切成蒜末、嫩薑切成絲、辣椒切成
 小圈、青蔥切成蔥花備用。
2 熱油鍋，蒜末、嫩薑及辣椒入鍋炒香。
3 蛤蜊、米酒入鍋，拌勻後蓋上鍋蓋，以
 中小火燜煮至蛤蜊全部打開。
4 掀蓋，撒入蔥花即完成。

Tips
❶ 亦可不加米酒，直接燜煮蛤蜊至熟，風味極鮮。
❷ 蛤蜊的鹹度足，因此這道料理無須額外添加鹽。

海鮮料理

泰式風味芹菜炒透抽

「泰式風味芹菜炒透抽」的作法彈性頗大。喜歡辣點，辣椒別客氣的多放些；喜歡酸味明顯助開胃的，於起鍋前檸檬汁多擠一些，保證酸得過癮；至於芹菜，如果遇到產季，當然得多加，增加口感及補充膳食纖維。

雖然食材及調味都可隨喜好調整，但味道濃郁的「魚露」點到為止，千萬別讓魚露味道，搶了透抽的鮮甜海味，這道料理，透抽才是主角呢。

材料 3～4人份
透抽（中卷）…300g
芹菜…2株
辣椒…1根
蒜頭…3瓣
老薑…7g

調味料
米酒…1大匙
魚露…1小匙
黑胡椒…少許
檸檬汁…1～2小匙

作法

1 透抽清除內臟及透明軟管，切輪切片；芹菜摘掉葉子後切段；辣椒斜切；蒜頭切成蒜末；老薑切成薑絲備用。

2 熱油鍋，辣椒、蒜末、薑絲入鍋以中火炒出香氣。

3 透抽入鍋，鍋邊熗入米酒，快炒至半熟。

4 芹菜入鍋，翻炒均勻。

5 加入魚露、黑胡椒，拌炒入味。

6 起鍋前，擠入新鮮檸檬汁，拌勻即完成。

Tips

❶ 魚露鹹度依各品牌不一，請依使用品牌彈性調整比例。

❷ 如手邊有小番茄，對切後入鍋一起拌炒；風味及盛盤後的美味感都會加分。

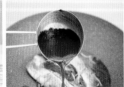

蔭豆豉虱目魚肚

煎至焦香的虱目魚肚與蔭豆豉醬一起料理，口感鹹香有層次，風味獨特的蔭豆豉虱目魚肚，吃過，就會難忘。

別看這黑嚕嚕的蔭豆豉虱目魚肚，以為是暗黑料理（笑），其實魚肉鮮嫩無比，醬汁也很出色，喜歡魚料理的人，一定要試試。

材料 4 人份

虱目魚肚…1 片（190g）
老薑…10g
青蔥…隨喜好

醬汁，預先調妥
蔭豆豉…30 ～ 35g（隨口味）
飲用水…3 大匙
米酒…2 大匙
砂糖…1/2 小匙

作法

1 虱目魚肚洗淨後拭乾水分；老薑切成絲；青蔥縱向切成細絲，浸泡冷水（使其捲曲）備用。

2 熱油鍋，虱目魚肚入鍋（魚皮面先煎），以中小火香煎。

3 煎至魚皮面焦香時，翻面，同時將薑絲入鍋香煎。

4 虱目魚肚煎至全熟（筷子可輕易刺入），倒入醬汁並煮至收汁，起鍋。

5 盛盤，擺上蔥絲裝飾，完成。

Tips

❶ 虱目魚肚入鍋前將水分充分拭乾，可防止入鍋後油爆，比較安全。

❷ 如擔心煎魚時油爆，可蓋上鍋蓋防噴，但不要將鍋蓋蓋滿，留些縫隙讓熱煙排出，避免鍋內蒸氣影響香酥口感。

海鮮料理

看似家常無奇的蛤蜊絲瓜無敵鮮甜，其鮮味除了來自蛤蜊，
另還加了小心機在這道料理裡，那就是「柴魚片」。
柴魚片的神來一筆，讓整鍋鮮味更上一層，喝一口就心滿意
足。

蛤蜊絲瓜

材料 約 4 人份

蛤蜊…約 600g
絲瓜…1 條（約 500g）
老薑…15g
柴魚片…1 小把

調味料

油…少許
米酒…1 大匙
香油…少許

作法

1 蛤蜊吐沙完成（吐沙方式請見 p.16）、
  絲瓜刨皮後切小塊、老薑切片備用。
2 熱油鍋，薑片入鍋以中小火炒香。
3 絲瓜入鍋，拌炒均勻（可略煎片刻，讓
  絲瓜上色）。
4 蛤蜊、米酒入鍋，拌炒均勻，讓酒氣略
  揮發。
5 蓋上鍋蓋，燜煮至蛤蜊全部打開。
6 掀鍋蓋，加入柴魚片、香油，輕輕拌勻
  後即完成。

Tips

❶ 絲瓜刨皮時，刨刀下刀淺一些，不要刨太深，
  保留絲瓜的綠色部分，口感比較好，盛盤也較
  美。

❷ 蛤蜊的鹹度足、絲瓜水分多，因此這道料理無
  須額外添加鹽及水分。

PORK DISHES

• • • • • • • • • •

美味擔當豬肉料理

蔭豆豉燉肉

蔭豆豉,對我來說是既熟悉又陌生,熟悉的是母親做的料理經常使用蔭豆豉,例如蒸鮮魚、台式蔭豆豉鮮蚵等,道道經典美味;陌生的是,自己學煮飯後,鮮少將它派上用場,因為我總是無法煮出蔭豆豉的獨特香氣。

而這道「蔭豆豉燉肉」讓我重拾對蔭豆豉的信心了!將蔭豆豉炒香後,與豬肉一起燉煮,黑豆的醬香與豬肉的油脂完美融合,扒著飯吃真是好吃。

材料 約 4 人份

豬肉(梅花)…600g
老薑…10g
青蔥…2 根
辣椒…1 根

調味料

蔭豆豉…60g
清水或高湯…700ml
醬油…2 大匙
米酒…50ml
砂糖…2 小匙

作法

1 豬肉切大塊、老薑切片、青蔥綁成一束備用。
2 取鑄鐵鍋(或蓄熱性較佳的燉鍋),熱油鍋後將薑片入鍋,以中小火煸香。
3 豬肉入鍋,炒至斷生(表面呈現熟色,但未熟)。
4 加入蔭豆豉,與豬肉一起拌炒至豬肉上了醬色。
5 加入米酒、砂糖,翻炒出香氣。
6 注入清水(或高湯)、青蔥、辣椒、醬油,中火煮至沸騰(期間如有浮沫雜質則撈除)。
7 蓋上鍋蓋,以小火燉煮約 50 分鐘(期間可掀蓋檢視水量及翻動,以幫助豬肉均勻入味)。
8 掀蓋,以筷子刺入豬肉確定軟度,若已是喜歡的軟度,翻炒片刻,讓醬汁進行最後收汁即完成。

Tips

❶ 蔭豆豉為黑豆加工製品,風味獨特,隨品牌不同鹹度會有所差異,因此,醬油比例可隨之微調,建議可在作法 6 湯汁煮至沸騰時,試一下味道,若覺鹹度稍淡則補些醬油,反之,則再加少許清水稀釋鹹度。
❷ 除了豬梅花,亦可使用豬五花。
❸ 燉煮時水量的蒸發速度與火候有著密切關係,請於燉煮期間檢視數回,如水分蒸發太快,火候須調小一些,反之則將火力再調大一些。
❹ 蔭豆豉可於網路上、大賣場、部分超市或雜糧行買到。

豬肉料理

冰箱裡有蘋果嗎？不妨切一小塊與肉片、洋蔥一起烹調成香甜可口的炒肉料理吧！

整體風味屬甜口味的「蘋果滋味洋蔥炒肉」是道很討喜的快炒肉片料理，一起鍋就現吃或帶便當，都相當推薦，如你也偏愛日式香甜風味的肉料理，歡迎一起試試。

蘋果滋味洋蔥炒肉

材料 2～3 人份

豬火鍋肉片（梅花）…200g

洋蔥…100g

青蔥…2 根

醃料

醬油…1 大匙

味醂…1 大匙

蒜泥…1～2 瓣份量

蘋果泥…2 大匙

砂糖…1 小匙

調味料

海鹽…適量

七味粉…少許

做法

1 豬肉片切適口大小塊，加入醃料，拌勻後靜置醃 10 分鐘。

2 洋蔥切絲、青蔥切成蔥花備用。

3 熱油鍋，將作法 1 肉片入鍋，以中火快炒至半熟起鍋備用。

4 原鍋，再補少許油，將洋蔥入鍋以中小火翻炒至軟。

5 作法 3 的肉片回鍋，以適量的海鹽、少許七味粉調味，拌炒入味。

6 起鍋前，撒入蔥花並拌勻即完成。

Tips

❶ 蘋果所含的酵素可幫助肉質軟化及增添果香，滋味清爽迷人。

❷ 調味料裡的七味粉不會有明顯的辣味，主要是增加風味層次感，因此怕辣的人請不要擔心，也加一些增添風味吧！

味噌炒櫛瓜肉片

我喜歡櫛瓜，喜歡它的清甜多汁，且無強烈的氣味，所以與諸多食材一起料理，都不會有衝突，很百搭。

「味噌炒櫛瓜肉片」就是櫛瓜與其他食材完美搭配的代表之一；濃郁味噌豬肉片，吃多容易膩，此時，一旁的爽脆櫛瓜片，就是解膩法寶，真是太棒的安排！

材料 2～3 人份
豬火鍋肉片（梅花）…200g
櫛瓜…1 條（約 200g）
辣椒…1 條
蒜末…3 瓣

櫛瓜殺青料
海鹽…1/2 小匙

醬汁，預先調妥
味噌…20g
飲用水…60ml
醬油…1 小匙
香油…1 小匙
白芝麻…1 小匙
砂糖…1 小匙

調味料
米酒…1 大匙

作法

1 櫛瓜切薄片（約 0.5cm）加入海鹽，拌勻後靜置 10 分鐘，擠乾水分備用（殺青）。

2 肉片切適口大小、辣椒切小圈、蒜頭切成蒜末，備用。

3 熱油鍋，肉片入鍋以中火炒至半熟後，熗入米酒，炒出香氣。

4 加入作法 1 的櫛瓜、蒜末、辣椒，拌勻。

5 加入醬汁，翻炒並煮至入味，完成。

Tips —————
櫛瓜以適量海鹽醃漬並擠出澀水後再烹調，可讓口感清脆，鹹度也會引出櫛瓜甜味，如不覺得麻煩，不妨試試。

紹興豬頸肉（松阪豬）

豬頸肉（松阪豬）的油花分布均勻，肉質爽脆，口感肥而不膩，令人驚豔。

美味食材簡單醃漬後，快速香煎或炙烤後就很好吃，就如這道「紹興豬頸肉」；盛盤時，以可食用的綠葉或檸檬片裝飾後再上桌，視覺上體面大方，絕對吸引目光。

材料 2 人份

豬頸肉…200g

醃料

紹興酒…1 小匙

蒜末…2 瓣份量

砂糖…1 小匙

調味料

風味椒鹽或檸檬汁…隨喜好

作法

1 豬頸肉以叉子輕刺數回，加入醃料並抹勻，移至冰箱冷藏醃 1 小時。

2 自冰箱取出醃妥的豬頸肉，略待回溫。

3 起油鍋，豬頸肉入鍋，以中小火香煎。

4 煎至金黃色，翻面，鍋邊加入 1 大匙清水，蓋上鍋蓋，小火燜煎 1 分鐘。

5 翻面，再加入 1 大匙清水，蓋上鍋蓋燜煎 1 分鐘。

6 煎至以筷子可輕易刺入豬頸肉最厚的部位，起鍋。

7 略放涼，逆紋切片，依喜好地撒入少許風味椒鹽或檸檬汁後享用。

Tips

❶ 豬頸肉以叉子輕刺數回可幫助醃料入味。

❷ 燜煎的時間依豬肉的厚度及鍋具而有所不同，請依當下條件彈性調整燜煎時間。

不同於火鍋用的薄肉片，烤肉專用的肉片厚度略厚些，口感飽口又過癮，除了適合刷醬炙烤後享用，其實用在快炒料理上也非常合適。

烤肉片的厚度較厚，因此在鍋裡快速來回拌炒也不易破損，完成後，一片片完整又油亮的肉片更能引發食欲（盛盤也好看），炒肉料理的另一個選擇，以烤肉片取代火鍋肉片，效果很好，一起試試。

熱炒香草烤肉片

材料 約 3 人份

烤肉片（豬肉，梅花部位）…250g
洋蔥… 100g

醃料

海鹽…1/4 小匙
黑胡椒…少許
義大利綜合香料…2 小匙
砂糖…1 小匙
醬油…1 小匙
特級初榨橄欖油…2 小匙

調味料

海鹽…隨口味

作法

1 烤肉片切適口大小、洋蔥切絲，備用。
2 烤肉片、洋蔥、醃料，全部拌勻後置於冰箱冷藏，醃 1 小時。
3 烹調前自冰箱取出，置於室溫片刻（回溫）。
4 熱油鍋，將作法 3 入鍋，以中火快炒，炒至肉片全熟，香氣四溢。
5 起鍋前，以少許海鹽調味即完成。

Tips

建議使用有油花的梅花烤肉片，如使用的是里肌烤肉片，口感較易乾柴。

銷魂冰糖滷肉

「銷魂冰糖滷肉」是白飯的終極殺手，每次只要餐桌上有這道，當天的白飯一定也會跟著受歡迎。

滷肉要好吃的訣竅是，將豬肉以冰糖及醬油先炒至上醬色，而且不是普通的上色，是看起來已經很入味，很好吃的通紅醬色，只要做足這道步驟（需花些時間耐心翻炒），就幾乎能滷出一道好吃的家常冰糖滷肉了。

材料 約 3 ～ 4 人份

豬肉…600g
青蔥…2 根
老薑…15g
蒜頭…2 ～ 3 瓣
清水…700ml

調味料
醬油…4 大匙（分次入鍋）
冰糖…30g
紹興酒…1 大匙

作法

1 豬肉切塊、青蔥綁成一束、老薑切片、蒜頭拍扁，備用。
2 取燉鍋，熱油鍋後薑片入鍋，以中小火煸香。
3 豬肉入鍋，炒至斷生（表面呈現白色，但未全熟）。
4 加入 1 大匙醬油、蒜頭、冰糖、紹興酒，翻炒至肉色呈現焦糖色，水分也炒至蒸發（僅留油）。
5 加入清水、青蔥、醬油 3 大匙，中火煮至沸騰（期間撈除浮沫雜質）。
6 蓋上鍋蓋，以小火燜煮 40 ～ 50 分（或喜歡的軟嫩度）即可享用。

＊盛盤時，可以加入適量的水煮青江菜加以裝飾，看起來會更美味。

Tips

❶ 作法 4 的翻炒動作是這道滷肉的美味關鍵，請耐心的翻炒至上醬色及水分蒸發、鍋中的液體炒到只剩下豬肉釋出的豬油為止，如能確實完成這個步驟，滷肉的色澤會很好看，口感也會更有層次。
❷ 燉煮期間可掀蓋檢視水量，從水量的狀態來調整火力，例如：水分蒸發太快，則代表火力太大，需要調小些；如燉煮已到中後期階段時，但水分仍沒有濃縮或減少，則代表火力太小了，需要調大一些。
❸ 檢視水量時，可順便翻動，幫助入味均勻及防鍋底燒焦。
❹ 豬肉部位建議使用有油花的梅花部位（前段）或五花部位（本食譜用的是梅花肉）。

洋蔥厚切里肌

與醬汁一起煮至入味的洋蔥，好甘甜，好討喜，是大朋友與小朋友都會喜歡的口味。

比起酥炸排骨，有時更喜歡以醬汁煨煮入味的排骨，吃起來腸胃負擔較輕，口感也更有層次，尤其是日式醬汁勾引出肉質的香氣，很迷人，吃完，心滿意足。

材料 3 人份

豬里肌肉…2 片（厚切 2 公分，300g）
洋蔥…90g（切丁）

醃料
海鹽…1/2 小匙
黑胡椒…少許

醬汁，預先調妥
鰹魚醬油…2 大匙
味醂…1 大匙
砂糖…1 小匙

作法

1 持刀於豬里肌肉排的邊緣（白色筋膜處）劃刀斷筋，以肉錘（或刀背）輕輕拍鬆（雙面都拍）。

2 加入醃料，拌勻後靜置 10 分鐘，如有釋出水分，以廚房紙巾拭乾。

3 起油鍋，將豬里肌肉排入鍋，以中小火煎至全熟（筷子可輕易刺入即熟），起鍋，略放涼後切塊。

4 原鍋，再補少許油，洋蔥丁入鍋，以中小火拌炒至軟。

5 加入醬汁、作法 3 的豬里肌肉排，整鍋拌炒均勻並煮入味即完成。

Tips ————

❶ 作法 1 將豬里肌肉排的白色筋膜處劃刀斷筋，可防入鍋後遇熱縮小太多。

❷ 里肌肉的油脂較少，較容易柴口，因此在料理前以肉錘輕輕拍鬆（作法 1），有助增加軟嫩口感。

豬肉料理

番茄洋蔥肉末

炒一鍋營養又美味的絞肉料理吧！就如這鍋「番茄洋蔥肉末」有著洋蔥的甜味，番茄的酸甜味，再加上炒出肉香的豬絞肉，三者一起混合，滿足了營養，也滿足了想大口扒飯的快感，好滿足！

對了，尤其是在忙碌的日子裡，更是推薦將這鍋常備起來，用來拌飯或拌麵，快速又好吃！

材料 3～4 人份

豬絞肉…200g
牛番茄…2 顆（320g）
紅蔥頭…3 瓣
洋蔥 1 顆…180g

醬汁，預先調妥

白醬油膏…2 大匙
砂糖…2 小匙
醬油…1 大匙
飲用水…5 大匙

調味料

白胡椒粉…適量

作法

1 牛番茄及洋蔥切丁、紅蔥頭切碎，備用。
2 熱油鍋，紅蔥頭入鍋，以中小火炒香。
3 絞肉入鍋，將絞肉炒散後加入白胡椒，拌炒至絞肉的水分蒸發，僅留油。
4 加入洋蔥，將洋蔥炒至呈現半透明。
5 加入番茄丁，充分拌炒，炒至番茄變軟。
6 加入醬汁，煮入味即可起鍋。

Tips ─────

❶ 作法 3，將豬絞肉的水分炒乾可減少腥味，增加肉的香氣，後續的醬料也會比較容易入味。
❷ 請依使用的番茄甜度，微調醬汁的甜味比例。

豬肉料理

松露蘑菇炒肉片

色澤暗沉無朝氣，這道看似暗黑料理的「松露蘑菇炒肉片」風味很獨特，出奇的好吃，一點也不暗黑。

將肉片、蘑菇，還有香甜的洋蔥一起料理，必定好吃，這回，決定以松露蘑菇醬當成主要風味來源，果然完美地融合了，一吃難忘。

材料 3～4人份

豬火鍋肉片（梅花）…200g

洋蔥…100g

蘑菇…100g

蒜頭…3 瓣

調味料

米酒…1 大匙

松露蘑菇醬…1 大匙

海鹽…隨口味

黑胡椒…少許

作法

1 肉片切適口大小、洋蔥切塊、蘑菇依大小分切小塊、蒜頭切成蒜末備用。

2 熱油鍋，蒜末入鍋，以中小火炒出香氣。

3 肉片入鍋，拌炒均勻，熗入米酒，加入少許黑胡椒，翻炒至肉片半熟，起鍋備用。

4 原鍋（免補油，使用炒肉片的油脂），洋蔥、蘑菇、少許水分入鍋，翻炒至洋蔥變軟。

5 作法 3 的肉片回鍋，加入松露蘑菇醬，整鍋翻炒出香氣。

6 以適量的海鹽、黑胡椒調味並拌勻，起鍋。

Tips

❶ 市售松露蘑菇醬的香氣及鹹度不一，請以自家使用的松露蘑菇醬口味調整比例，煮出自己最喜歡的風味。

❷ 如喜歡吃脆口的洋蔥，作法 4 不要過度翻炒，將蘑菇醬炒勻即可接續下一個作法。

豬肉料理

南瓜燉肉

將南瓜燉至喜歡的鬆軟口感,有點化開又未完全化開的階段最迷人,化開的南瓜果肉附著在豬肉上,讓每一塊肉都有著南瓜的香氣,想吃南瓜口感的,也有未完全化開的可以滿足。

南瓜與豬肉,彼此天衣無縫地合作著,南瓜的盛產季節,一定要試試。

材料 約 4 人份

豬肉…500g
南瓜…300g
老薑…10g

調味料

米酒…1 大匙
醬油…5 大匙
(分次入鍋)
砂糖…1 大匙
清水…800ml

作法

1 豬肉切塊、南瓜去籽後切塊(依喜好決定去皮與否)、老薑切片,備用。
2 取燉鍋,熱油鍋後放入薑片,中小火煎香。
3 加入豬肉,翻炒至斷生(豬肉表面白色,但未全熟)。
4 加入 1 大匙醬油、米酒、砂糖,有耐心地翻炒至肉色呈現焦糖色,水分也炒乾。
5 加入清水、4 大匙醬油,煮至沸騰(期間撈除浮沫雜質),蓋上鍋蓋,小火燜煮 30 分鐘。
6 掀蓋,加入南瓜,再燜煮 5 ～ 10 分鐘,完成。

Tips

❶ 如不急著享用,於作法 6 完成後,關火續燜 30 分鐘,風味更佳。
❷ 南瓜如不去皮,燉煮完成後有可能果肉會分離,如果介意,請於下鍋前去掉果皮再入鍋燉煮。
❸ 作法 6 的燜煮時間,依南瓜的品種、切的大小塊、喜歡的鬆軟度而有所不同,請依當下條件及喜好為主。
❹ 豬肉部位建議使用有油花的梅花部位或五花部位。

豬肉料理

CHICKEN DISHES

每一口都好涮嘴雞肉料理

蒜味雞

整體口感就像在鐵板燒店吃的蒜香雞腿排一樣，不同在於鐵板燒店附上的是煎得金黃香脆的蒜片，這道用的是量較多的蒜末，讓蒜末大量附著在雞腿排上，皮酥、肉嫩、蒜很香。

佐蒜片，裹上蒜末，兩款蒜頭與雞腿的配搭都好吃，我喜歡後者，你呢，你喜歡哪一種吃法呢？

材料 2～3 人份
去骨雞腿…2 片（約 450g）
蒜末…50g（約 10 瓣份量）
醃料
鹽…適量
黑胡椒…適量
調味料
各式風味胡椒鹽（鹹酥雞椒鹽）…隨口味調整

作法
1 去骨雞腿洗淨後拭乾水分，均勻地撒上鹽及黑胡椒，醃 10 分鐘。
2 取鍋，免入油，將去骨雞腿入鍋（雞皮面先煎）以中小火乾煎（如使用鐵鍋則熱油鍋後再入鍋）。
3 煎至雞皮呈現金黃焦香，翻面，續煎至全熟。
4 起鍋，靜置片刻，切小塊備用。
5 原鍋，再加入少許油，蒜末入鍋炒至色澤轉至鵝黃色。
6 作法 4 的雞肉回鍋，加入喜歡的風味椒鹽拌炒均勻，完成。

Tips
❶ 醃漬雞腿肉時，如有滲出水分則拭乾後再下鍋，拭乾水分能有助去腥。
❷ 香煎雞腿的過程，如釋出較多的油脂，以廚房紙巾吸拭掉，煎出的雞皮會較酥，完成後較不會有油膩感。
❸ 蒜末入鍋後請留意不要炒焦，炒焦會有苦味。

雞肉料理

照燒蜂蜜雞腿

香甜嫩口的照燒蜂蜜雞腿是一道很討喜肉料理，如喜歡甜味的雞腿肉，一定會大愛這道。

以往料理照燒雞腿時，盛盤均是撒上白芝麻就算完成了，這回，隨手撒些壓碎的堅果，讓口感更有層次了，賣相也因此更華麗引人食欲。

堅果很加分，一起試試。

材料 2～3 人份

去骨雞腿…2 片（共 400g）
無調味核桃…隨喜好
（本食譜用 15g）
白芝麻…隨喜好

醬汁，預先調妥
醬油…1 大匙
蜂蜜…1.5 大匙
米酒…1 大匙
味醂…1 大匙
清水…60ml

作法

1 去骨雞腿拭乾水分、核桃大致搗碎，備用。

2 起鍋，熱油鍋後將去骨雞腿入鍋（雞皮面先煎），以小火煎至雞皮呈現金黃。

3 翻面，續煎至以筷子可輕易（無阻力）刺入雞腿肉。

4 倒入醬料，將火力調至中火，煮至醬汁變濃稠（期間可將雞腿翻面數回，使其均勻入味）。

5 醬汁煮至濃稠時，將雞腿起鍋（鍋裡的醬汁另外盛出），靜置約 5 分鐘，切塊。

6 盛盤，擺入生菜、切妥雞腿、撒上白芝麻及碎核桃、淋上鍋裡的濃稠醬汁，完成。

Tips ————

❶ 鍋油需充分預熱（雞腿入鍋時發出滋滋聲響，即為熱度足夠），以避免雞腿入鍋後，因為鍋子溫度不足而生水，導致雞皮無法煎出焦香感。

❷ 雞腿如逼出較多油脂，請以廚房紙巾吸拭掉，煎出的雞皮會較有焦香感，倒入醬汁時也不會過於油膩。

❸ 亦可使用其他堅果取代核桃，例如腰果、杏仁等。

雞肉料理

蜂蜜檸檬雞腿排

雞腿加了大量的蒜末、蜂蜜與檸檬？！

看似不對盤的組合，在香濃奶油的媒合下，口感出奇地融合及豐富；蒜頭不搶味，恰如其分地去了肉腥；檸檬因為蜂蜜所以不會過酸，且為這道肉料理增添清爽的檸香氣味，好吃。

材料　約 3 人份

去骨雞腿…2 片（共 460g）
蒜末…6 瓣份量
無鹽奶油…30g

雞肉醃料
海鹽及黑胡椒…少許

醬汁，預先調妥
飲用水…2 大匙
薄鹽醬油…2 小匙
蜂蜜…1 大匙
檸檬汁…1 大匙

作法

1 去骨雞腿切大塊，撒上少許海鹽及黑胡椒，抹勻後靜置醃 5 分鐘。
2 熱油鍋，醃妥的雞腿入鍋（雞皮面先煎），以中小火煎至雞皮呈現金黃焦香。
3 翻面，持續煎至雞腿全熟（以筷子可輕易刺入，無阻力即熟）為止。
4 奶油入鍋，煮至融化。
5 蒜末入鍋，與奶油翻炒均勻，同時翻動雞肉，讓雞肉也沾上奶油。
6 醬汁入鍋，煮至醬汁變濃稠且雞肉上了醬色，起鍋。
7 盛盤後，可刨入少許檸檬皮（亦可省略），增添美味感。

Tips

❶ 煎雞腿中途如釋出較多油脂需以廚房紙巾吸拭，成品的口感比較不會油膩。
❷ 醬汁入鍋後，反覆翻動雞腿或持湯匙將醬汁淋於雞腿上，以幫助上色及入味。

雞肉料理

辣炒雞肉佐甜椒

好喜歡將色彩鮮豔的甜椒加入菜肴裡！

甜椒自然的飽和色澤，讓料理看起來很活潑、很有精神，盛盤後的視覺效果，通常可以得到滿分，就如這道「辣炒雞肉佐甜椒」是不是看起來好看又好吃呢。

材料 約3人份
去骨雞腿…2片（共320g）
甜椒（紅、黃）…各半顆
老薑…5g
青蔥…1根

調味料
米酒…1大匙
辣豆瓣醬…1～2小匙（或隨口味）
醬油…1小匙

作法

1 去骨雞腿切小塊、老薑切絲、甜椒去掉籽囊後切小塊、青蔥切成蔥花，備用。

2 熱油鍋，薑絲入鍋，以中小火煎至香氣飄出。

3 雞肉、米酒入鍋，翻炒至雞肉半熟。

4 加入辣豆瓣醬，整鍋翻炒至雞肉均勻沾上辣豆瓣醬。

5 醬油入鍋，翻炒入味且雞肉全熟（筷子可輕易刺入，沒有阻力即熟）。

6 加入甜椒，炒至喜歡的熟度。

7 撒入蔥花，拌勻即完成。

Tips

❶ 各品牌的辣豆瓣醬鹹度及辣度不同，建議使用習慣的品牌，並於起鍋前試一下味道並調整鹹度。

❷ 甜椒易熟，故入鍋後隨興拌炒即可起鍋，建議不要炒太軟，保有清脆口感，色澤也會較美。

雞肉料理

醬燒蘑菇雞

鹹甜入味的雞肉料理最討喜了，一起鍋就享用或帶便當都很適合，是很推薦的雞肉料理之一，且作法簡單，食材也很容易買齊，經常煮也不會有壓力。

如要論親切且有家味道的美味料理，這道「醬燒蘑菇雞」絕對名列前茅。

材料 3～4人份

雞肉（帶骨）…600g
蘑菇…200g
老薑…20g
辣椒…1 條
青蔥…1～2 根

醬汁，預先調妥
醬油…3 大匙
蠔油…1 大匙
砂糖…1 大匙
飲用水…5 大匙

作法

1 雞肉切塊、蘑菇視大小決定切與否、老薑切片、辣椒斜切、青蔥切段備用。
2 熱油鍋，老薑入鍋小火煸至香氣飄出。
3 雞肉入鍋，以中小火煎至斷生（表面呈現熟色，但肉未全熟）。
4 蘑菇入鍋，與雞肉一起煎至金黃色。
5 倒入醬汁，拌炒均勻後蓋上鍋蓋，火力轉成小火，蓋上鍋蓋燜煮 5～10 分鐘。
6 掀蓋，加入蔥段及辣椒，拌炒均勻，完成。

Tips

❶ 本道料理因未經長時間燉煮，所以帶骨的雞肉可免汆燙，直接入鍋翻炒即可。
❷ 燉煮的時間依使用的鍋型、火力及雞肉的大小塊而不一，請於燜煮期間掀蓋檢視，再依實際狀況增減時間或微調火力。

雞肉料理

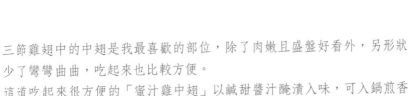

蜜汁雞中翅

三節雞翅中的中翅是我最喜歡的部位，除了肉嫩且盛盤好看外，另形狀少了彎彎曲曲，吃起來也比較方便。

這道吃起來很方便的「蜜汁雞中翅」以鹹甜醬汁醃漬入味，可入鍋煎香煎、進烤箱炙烤或氣炸鍋速炸都很適合，雖然烹調方法不同，所呈現的色澤會有所差異，但以方便度及美味度來說，絕對是道值得大力推薦的好料理。

材料 2～3人份

雞中翅…300g
白芝麻…少許

醃料
醬油…1大匙
蜂蜜…1大匙
米酒…1大匙
蒜泥…1瓣份量

作法

1 雞翅加入醃料，拌勻後放入冰箱冷藏醃2小時。

2 將醃妥的雞翅取出，待回溫。

3 取鍋，熱油鍋後將雞中翅入鍋（醃料醬汁勿丟，留用），中小火香煎。

4 煎至焦香時翻面，倒入醃料醬汁，拌勻後蓋上鍋蓋，以小火燜煎2～3分鐘。

5 掀蓋，筷子可輕易刺入，孔洞未滲出血水即熟。

6 翻動雞翅，使雞翅沾上燜煮後的濃縮醬汁，起鍋。

7 盛盤，撒上白芝麻即可享用。

Tips

❶ 作法4燜煮期間，可掀蓋翻動雞翅，讓上色均勻，同時檢視水分蒸發狀況，並彈性調整火力及燜煮時間。

❷ 燜煮的時間依雞翅的大小隻、鍋子的蓄熱性、火力大小差距而有所不同，請依當下條件微調燜煮時間。

啤酒燉小棒腿

冰箱裡的啤酒一起入菜吧！

開始烹調前所擔心的啤酒苦味，在經過 30 分鐘的熬煮後淡化不少，再加上與精心搭配的天然食材一起燉煮，這道「啤酒小棒腿」的風味、口感及香氣均屬不俗。

優雅又慢熟的雞肉料理，想嚐鮮的時候請務必試試。

材料 約 4 人份

啤酒…330ml（鋁罐裝 1 罐）
翅小腿（小棒腿）…16 隻（約 620g）
大番茄…1 顆
洋蔥…半顆
蘑菇（小朵）…12 朵
月桂葉…1 片

小棒腿醃料

海鹽…1/2 小匙
黑胡椒…少許
麵粉…1 大匙（筋性不拘）

調味料

蜂蜜…1 大匙
海鹽…隨口味

作法

1 翅小腿加入醃料（麵粉除外）拌勻後攤平，於表面輕撒一層薄麵粉，備用。

2 番茄及洋蔥切丁、蘑菇對切（如使用的蘑菇較大朵，則切 4 等分），備用。

3 熱油鍋，作法 1 的翅小腿入鍋，以中火煎至表面呈金黃色，起鍋。

4 原鍋，再補少許油，將番茄及蘑菇入鍋，翻炒至番茄變軟。

5 作法 3 的翅小腿、啤酒、月桂葉入鍋，拌勻後蓋上鍋蓋，以中小火燜煮 30 分鐘。

6 掀蓋，加入蜂蜜，拌勻，不加鍋蓋再煮 5 分鐘。

7 以少許海鹽調味，完成。

Tips ——

❶ 啤酒的苦味來自啤酒花，於燉煮一定的時間後可淡化苦味（建議至少燉煮 30 分鐘以上），另起鍋前加入適量的蜂蜜，讓蜂蜜的甜味與啤酒充分融合後，風味相當獨特。

❷ 作法 1 的輕撒少許麵粉，可讓小棒腿在香煎的過程中香氣更濃，燉煮時候的湯頭也能呈現濃稠感。

❸ 如不急著吃，冷藏一夜隔天復熱後再享用，風味極好。

❹ 小棒腿與雞腿不同，部位是雞翅膀的前端，本食譜亦可使用雞肉的其他部位來取代小棒腿（雞胸肉不耐久煮除外）。

雞肉料理

鹽麴雞塊

以鹽、米麴發酵而成的鹽麴有著清雅酒香，除可為料理增加風味，用在醃肉亦可促進肉質軟嫩；另鹽麴的鹹味足，可於烹調中取代鹽巴，一舉多得。

鹽麴雞塊調味簡單，僅用肉份量的 10% 鹽麴以及少許砂糖，經過一定時間的醃漬，以適量的熱油香煎，口感香嫩美味。

材料 2～3人份

雞里肌（雞柳）…300g
醃料
鹽麴…30g（份量為肉量的 10％）
砂糖…1 小匙
沾粉
太白粉…適量
調味料
番茄醬…隨口味

作法

1 雞里肌的白色筋條（詳見 Tips 1）去筋後切小塊，加入醃料，拌勻後放入冰箱冷藏醃 1 小時。
2 冰箱取出待回溫，將雞肉各面蘸上一層薄薄的太白粉。
3 熱油鍋（油量可多些），雞肉入鍋以中小火香煎，煎至金黃且熟，起鍋。
4 盛盤，佐番茄醬後盡情享用。

Tips

❶ **雞里肌去筋方式**：一手捏著廚房紙巾，將露出的白色筋條頭部以紙巾包住（可防滑）並捏緊，另一手則持刀輕壓白色筋條，接著刀子往外推，兩手相互輔助地取出筋條。
❷ 鹽麴有軟化蛋白質的功能，但請勿醃漬過久，以避免肉質失去彈性（太過軟綿）。
❸ 鹽麴入鍋後易焦，因此沾一層薄太白粉，除可防止煎焦，另可增加嫩口感。

雞肉料理

嫩雞炒鮮蔬

這道「嫩雞炒鮮蔬」我幾乎可以吃完一盤（笑），雞肉超嫩、甜豆與玉米筍的清脆口感吃起來很舒服，配色好看，作法也很家常，是一年四季都很適合料理的美味佳肴。

今天不知道吃什麼嗎？請試試這道嫩雞炒鮮蔬，相信喜歡雞肉及快炒蔬菜料理的人，一定也會愛上。

材料 約 3 人份

雞胸肉…190g
甜豆…80g
玉米筍…50g
蒜末…3 瓣份量（1 瓣醃肉、2 瓣熱炒）
辣椒…隨口味

醃料

海鹽…1/4 小匙
白胡椒…少許
蒜末…1 瓣量
香油…1 小匙
太白粉…1 小匙（最後拌入）

調味料

昆布柴魚高湯（或清水）…50ml（作法請見 p.181）
海鹽…隨口味
白胡椒粉…隨口味

作法

1 雞肉切薄片，加入醃料（太白粉除外）充分拌勻後，再加入太白粉抓拌均勻，靜置醃 10 分鐘。

2 甜豆去除頭尾及兩側粗纖維，斜切小塊；玉米筍縱向對切後，斜切小塊；辣椒斜切備用。

3 熱油鍋，作法 1 的雞肉入鍋，以中火快炒至半熟，起鍋備用。

4 原鍋，再補少許油，甜豆、玉米筍、昆布柴魚高湯（或清水）入鍋，拌勻後蓋上鍋蓋，以小火燜煮約 1 分鐘。

5 掀蓋，作法 3 的半熟雞肉回鍋、辣椒入鍋，拌炒至雞肉全熟。

6 以海鹽及白胡椒粉調味，完成。

Tips

❶ 以少許太白粉醃肉，可幫助口感軟嫩。

❷ 玉米筍先以縱向對切，再切小塊可以幫助快速炒熟。

❸ 亦可使用其他喜愛的蔬菜來取代甜豆或玉米筍。

檸檬雞塊

想吃炸雞塊但懶得出門或擔心市售雞塊太油踩雷，不如就在家裡自己做一份清香淡雅的檸香雞塊吧，檸檬的香氣大大解膩，讓人一口接一口停不下來，好吃！

免起一大鍋油，少吸些油煙，就能有吃炸雞塊的錯覺，是這道「檸香雞塊」給料理人最大的體貼，真好！

材料 3 人份

雞胸肉…2 片（約 360g）
新鮮檸檬…隨口味

雞肉醃料
薄鹽醬油…1 小匙
鹽…少許（約一小撮）
檸檬汁…1 小匙
砂糖…1 小匙
白胡椒粉…少許
太白粉…2 小匙（最後拌入）

其他材料
油…適量

作法

1 雞肉切小塊，加入醃料（太白粉除外），拌至醃料被雞肉吸收後加入太白粉，拌勻後醃 10 分鐘。

2 熱油鍋，雞塊入鍋以中小火香煎，煎至金黃且全熟。

3 起鍋前，火力調到中火，煎至上色即可起鍋。

4 置於網架片刻（鎖肉汁），盛盤，刨入檸檬皮屑及擠入檸檬汁，完成。

Tips

刨檸檬皮屑時，僅刨檸檬皮的綠色（或黃色）表面，避免刨到白色果肉，比較不會苦。

豆芽菜炒嫩雞絲

每當菜價漲時，價格穩定的豆芽菜就成購買青菜時的首選之一，清炒或煮湯都很適宜。

如有閒暇，試試將豆芽菜的頭尾剪掉再入鍋，雖然費時，但僅留中段的豆芽菜看起來整齊清爽，比起未細修的豆芽菜，無論是在賣相或口感都加分許多。

材料 2 人份
雞胸肉…200g
蒜頭…3 瓣
辣椒…1 根
綠豆芽（去頭尾）…100g

醃料
醬油…1 小匙
砂糖…1/2 小匙
白胡椒…少許
米酒…2 小匙
太白粉…2 小匙（最後拌入）

調味料
米酒…1 大匙
海鹽…隨口味
黑胡椒…隨口味

作法
1 雞胸肉切絲，拌入醃料（太白粉於其他醃料拌勻後再拌入），靜置醃 10 分鐘。
2 綠豆芽剪掉頭尾、蒜頭切成蒜末、辣椒斜切，備用。
3 熱油鍋，醃妥的雞絲入鍋，以中火快炒至全熟，起鍋備用。
4 原鍋，補少許油後蒜末及辣椒入鍋，以中小火炒出香氣。
5 綠豆芽、1 大匙米酒入鍋，翻炒至軟。
6 作法 3 的雞肉回鍋，加入海鹽、黑胡椒，整鍋拌出香氣，完成。

Tips ————
將綠豆芽的頭尾去除，完成後的口感較細緻，盛盤後的視覺不雜亂較美觀。

雞肉料理

涮嫩雞肉片佐蔥油

盛盤色澤看來清爽，雞肉口感也極為清爽滑口，「涮嫩雞肉片」是食慾不振時的最佳選擇，但一路清爽略顯無趣，這時簡易自製蔥油即是登場的時候。

自製蔥油以 100% 純芝麻香油為基底，大量的蔥花為主軸，香氣很足，為清爽的雞肉錦上添花，非常對雞肉的味，也很對自己的胃，一起試試。

材料　約 2 ～ 3 人份

雞胸肉…300g
蔥花…50g（約 3 ～ 4 根青蔥份量）

雞肉醃料
醬油…2 小匙
米酒…2 小匙
海鹽…1/2 小匙
砂糖…1/2 小匙
太白粉…2 小匙（最後拌入）

煮雞肉材料
清水…1200ml
老薑…4 片
米酒…50ml

蔥油材料
香油…2 大匙
海鹽…少許
黑胡椒…少許
糖…1/2 小匙

作法

1 雞胸肉切薄片，加入醃料並拌勻（太白粉於其他醃料拌勻後再拌入），靜置醃 10 分鐘。

2 起一鍋滾水，投入老薑及米酒，滾煮約 2 分鐘。

3 逐片（或分次入鍋）放入作法 1 的雞肉，快速的汆燙至雞肉色澤轉為白色且熟，撈起鍋。

4 盛盤（瀝乾汆燙的水分），淋上蔥油（註）即可享用。

註：蔥油製作：起鍋，冷鍋放入「蔥油材料」，以　　中小火慢慢炒出香氣即完成蔥油。

Tips

醃料中的太白粉能讓雞胸肉保有嫩口感，建議不要省略。

雞肉料理

高麗菜炒鮮嫩雞肉

白胡椒粉的香辣味道很迷人，煮湯時少量加些，可為湯品增添風味；快炒料理時也加一些，除可去腥，還能為快炒料理帶來一份中式辛香的爽快口感。

而高麗菜就是我家的最愛了，無論是炒得清脆或煮至甜軟，家人都很買單。

「高麗菜炒鮮嫩雞肉」利用高麗菜的清爽脆甜，凸顯雞肉的香嫩多汁，佐入迷人的白胡椒粉，就是一道韻味十足，想一吃再吃經典美味。

材料 約 2～3 人份

雞胸肉…200g
高麗菜…200g
蒜頭…3 瓣
紅蘿蔔…20g
辣椒…5g

醃料
薄鹽醬油…1 小匙
味醂…1 小匙
白胡椒粉…少許
太白粉…1 小匙（前者拌勻後再加入）
香油…1 小匙（最後加入）

調味料
海鹽及白胡椒粉…起鍋前隨口味調整

作法

1 雞胸肉切小塊，依序加入醃料，靜置醃 5 分鐘。
2 高麗菜分切小片、蒜頭切成蒜末、紅蘿蔔切成絲、辣椒斜切備用。
3 熱油鍋，作法 1 的雞肉入鍋，以中小火煎至表面焦香，起鍋備用。
4 原鍋，再補少許油，蒜末及紅蘿蔔入鍋，炒出香氣。
5 高麗菜、少許水分入鍋，拌炒至高麗菜變軟。
6 作法 3 的雞肉回鍋，同時加入辣椒、少許海鹽、白胡椒粉，整鍋拌勻並炒出香氣，完成。

Tips

❶ 雞胸肉醃漬時，將液體調味料先加入，拌至雞肉吸收後再拌入粉末狀的太白粉，最後再拌入油，將調味料風味以油封住，這樣醃的雞肉會很入味及嫩口。
❷ 高麗菜可以當季蔬菜或喜歡的蔬菜種類替換，例如洋蔥、大白菜、豆芽菜、油菜等。

雞肉料理

家常香煎雞塊

「家常香煎雞塊」是每當對肉料理沒有靈感時,就會搬出的救星(笑),
這救星很給力,每每端上桌,必定秒殺!
備料及作法都很簡單,入口嘴角會幸福地上揚,更讚的是,完全免出門
買鹹酥雞、免擔心油炸雞塊後的炸油善後、衛生也看得見,便利又安心。

材料 約 3 人份

雞胸肉…300g

醃料

蒜末…2 瓣份量

醬油…2 小匙

米酒…1 小匙

味醂…1 小匙

砂糖…1 小匙

香油…1 小匙

海鹽…1 小撮(提味用)

下鍋前醃料

太白粉…2 大匙

調味料

各式風味椒鹽…隨口味

作法

1 雞胸肉切適口大小塊,加入全部醃料,
  拌勻後放冰箱冷藏,醃 1 小時。

2 取出,回溫至室溫後加入太白粉,拌勻。

3 熱油鍋,作法 2 的雞肉入鍋,以中小火
  香煎。

4 煎至各面呈現漂亮的金黃色,以筷子可
  輕易刺入即可起鍋。

5 盛盤,可佐生菜一起享用,或隨口味撒
  上喜歡的各式風味椒鹽後享用。

Tips ─
入鍋前,拌入太白粉,能讓香煎後的雞肉保有酥脆
感,香氣也會更足。

雞肉料理

氣炸低脂雞肉丸佐檸香優格

胃口不佳或近日想吃低脂料理時，這道「氣炸低脂雞肉丸佐檸香優格」端上桌準沒錯！

炒至焦糖化的洋蔥與雞肉、豆腐一起調味而成的肉丸子，口感香甜有彈性，另錦上添花的特調檸香優格醬，與肉丸子一起享用，簡直琴瑟和鳴，無敵對味。很完美的組合，吃了，會上癮。

材料 2～3人份

雞胸絞肉…200g
板豆腐…100g
洋蔥…100g
青蔥…10g

醃料

蒜泥…1 瓣份量
紅椒粉…1/4 小匙
海鹽…1/2 小匙
黑胡椒…少許

優格醬，全部拌勻

無糖優格…100g
檸檬汁…1/2 大匙
海鹽…1 小撮
黑胡椒…少許
檸檬皮屑…少許

作法

1 板豆腐以廚房紙巾吸拭水分、洋蔥切成小丁、青蔥切成蔥花備用。

2 熱油鍋，洋蔥入鍋以小火慢慢煸炒，炒至呈現金黃焦香，取出略放涼。

3 料理盆裡放入雞絞肉、板豆腐、炒過的洋蔥、蔥花、全部醃料，以手抓拌，拌至餡料出現黏性為止。

4 將作法 3 分成 10 等分，每等分於雙手掌心來回拋接（排出空氣），同時整成小肉丸狀。

5 取氣炸鍋，網架刷上適量的油，放入小肉丸後，於小肉丸表面再刷少許油。

6 以攝氏 180 度氣炸 10 分鐘。

7 取出，翻面，於小肉丸表面再刷少許油。

8 攝氏 180 度再氣炸 5 分鐘，完成。

9 盛盤，佐優格醬享用。

Tips

❶ 亦可使用烤箱（須預熱），以攝氏 200 度烤約 20～30 分鐘（中途須翻面）；使用氣炸鍋的口感較佳。

❷ 洋蔥先炒出焦糖化（呈金黃色）再加入餡料裡一起攪拌，可讓整體風味更加有層次感及自然甜味。

測試熟度

氣炸完成後，以筷子刺入肉丸，如滲出清澈肉汁即熟，另將筷子停留於肉丸上數秒後抽出，如筷子留有熱度，也代表肉丸中心熟了。

雞肉料理

NUTRITIOUS POT COOKING

有湯最高，營養鍋料理

酸菜雞肉湯

「酸菜雞肉湯」是母親很常煮的湯品，母親有時使用豬肉燉煮，有時使用雞肉，有時則是鴨肉，無論母親使用何種肉品，以酸菜所熬煮出的湯品，湯頭獨特好喝，湯料吸收了酸菜精華，入味好吃。

先喝湯再吃料，完美。

材料 2～3人份
去骨雞腿…250g
酸菜…1 株（80g）
嫩薑…10g
紅蘿蔔…10g

醃料
海鹽…1/4 小匙
米酒…1 大匙
白胡椒…少許

調味料
白胡椒…少許

作法

1 去骨雞腿肉切小塊，加入醃料拌勻後醃 10 分鐘。

2 酸菜洗過擠乾水分，切小段；嫩薑切絲；紅蘿蔔切絲備用。

3 取鍋，加入少許油後將雞腿肉入鍋快炒，炒至雞肉斷生（表面呈現熟色，但未熟）。

4 加入清水 600ml、酸菜、嫩薑絲、紅蘿蔔絲，拌勻。

5 蓋上鍋蓋，小火燜煮約 10 分鐘。

6 撒入少許白胡椒粉，並依酸菜的鹹度（或喜好）調整鹹度即可享用。

Tips ———————————————

❶ 酸菜料理前以清水洗過，可降低鹹度；起鍋前試一下味道，以海鹽調整鹹度或直接享用。

❷ 酸菜料理有油脂口感會比較美味，建議使用帶有油花的肉品來烹調，例如帶皮雞肉、五花肉等等。

營養鍋料理

蒜頭蘿蔔雞湯

神奇的是，那～麼多的蒜頭入鍋，煮過後居然一點也不辛嗆，迎來的反而是討喜的甘甜軟綿，好喜歡。

蒜頭可以直接吃掉不用擔心吃完口氣不好，還能補充多元營養素及大蒜素，天氣寒涼時想喝營養湯品暖胃的時刻，就煮這道「蒜頭蘿蔔雞湯」。

材料 2～3人份
雞肉（帶骨土雞）…600g
白蘿蔔…1條（約600g）
蒜頭…約12瓣
清水（或高湯）…1600ml
香菜…隨喜（可省略）
調味料
海鹽…隨口味

作法

1 雞肉切塊、白蘿蔔去皮切塊、蒜頭去皮、香菜細切，備用。

2 起一鍋冷水，帶骨雞肉入鍋，以小火煮至幾乎快沸騰時，撈起鍋，沖洗乾淨後備用。

3 取鍋，注入清水（或高湯），作法2的雞肉、蒜頭入鍋，以中火煮至沸騰（如有浮沫則撈出）後轉小火，蓋上鍋蓋燜煮20分鐘。

4 掀蓋，加入白蘿蔔，再燜煮20分鐘。

5 確認白蘿蔔以筷子可輕易刺入，即可以海鹽調味後起鍋。

6 加入香菜增添香氣，盡情享用。

Tips

❶ 土雞肉很適合用來燉湯，其肉質經過燉煮後，口感依然彈牙好吃，而且湯頭也會充滿雞肉香氣及濃郁口感。

❷ 蒜頭的份量可依喜好，但建議量不要太少，要有一定的份量，湯頭才會更香甜。

蛤蜊玉米雞肉湯

雞肉及玉米先花些時間熬煮出甜味後，起鍋前再加入吐沙完成的蛤蜊，取蛤蜊的鮮鹹海味，為香甜玉米錦上添花一番，風味就這麼一層層堆疊起來，讓整道湯品湯頭又鮮又甜。

這是我家餐桌很受歡迎的湯品，3 大主食材的原汁原味都溶於湯汁，一口飲下～舒暢。

材料 2～3 人份
帶骨雞肉（土雞）… 600g
玉米…1 條
文蛤（蛤蜊）…300g
薑片…3 片
青蔥…1 根

調味料
清水（或高湯）…1200ml
香油…隨口味，亦可省略

作法

1 蛤蜊吐沙完成（吐沙方式請見 p.16）、玉米切塊、青蔥切成蔥花，備用。

2 起一鍋冷水，雞肉冷水即入鍋，以小火煮至沸騰前撈出雞肉（不要煮滾），雞肉撈出後，以清水沖洗附著在雞肉表面上的雜質，備用。

3 取鍋，將雞肉、玉米、薑片入鍋，接著注入清水或高湯，蓋上鍋蓋，小火煮 40 分鐘。

4 掀蓋，放入蛤蜊，中火煮至蛤蜊全部打開。

5 加入少許香油（可省略）即可起鍋。

6 享用前，撒入蔥花增加風味。

Tips

蛤蜊已有天然的鹹味，因此本道湯品無須額外添加海鹽。

營養鍋料理

鮮魚蛤蜊湯

蛤蜊湯是道能夠快速完成，湯頭容易極鮮的家常好湯。想喝湯但又不知道該喝什麼湯的時候，蛤蜊湯推薦第一選項。

心血來潮或想吃更多料的時候，魚片及金針菇一起烹調鐵定沒錯，蛋白質更加豐富，膳食纖維也到位了，且金針菇讓鮮味湯頭多了稠滑口感，挺好。

材料 2～3 人份
鱸魚排…200g
蛤蜊…300g
嫩薑…10g
金針菇…半包
青蔥…1 根

調味料
米酒…1 大匙

作法

1 鱸魚排切小塊、蛤蜊吐沙完成（吐沙方法請見 p.16）、嫩薑切絲、金針菇去蒂頭後掰散、青蔥切成蔥花，備用。

2 起一鍋滾水（水量 700ml），放入鱸魚、1 大匙米酒，煮至鱸魚接近全熟（肉色變得透白）。

3 加入蛤蜊、嫩薑絲，煮至蛤蜊全部打開。

4 加入金針菇，煮軟即可起鍋。

5 享用前，撒入蔥花增添香氣。

Tips

❶ 蛤蜊的天然鹹度頗足，因此這道料理無須額外添加鹽。

❷ 金針菇易熟，故於起鍋前再入鍋，煮的時間也不要太久，以避免流失太多營養。

營養鍋料理

青木瓜排骨湯

排骨經過熬煮後，湯色乳白看似濃口，但實際口感卻屬淡雅舒暢，我想，是青木瓜的功勞吧！讓原本擔心無法喝太多的湯品，搭著清香軟綿的青木瓜一起入口，不知不覺地多喝了一碗。

今天先不聊青木瓜的功效，湯好喝，最要緊（笑）。

材料 4 人份

青木瓜…400g
排骨…500g
老薑…2 片
紅棗…7 ～ 8 顆（或隨紅棗大小決定顆數）

汆燙料
老薑…2 片
米酒…1 大匙

調味料
海鹽…隨口味
白胡椒粉…隨口味

作法

1 起一鍋冷水，將排骨、汆燙料入鍋，以小火煮至沸騰前撈起鍋，起鍋後以冷水沖洗排骨表面上的雜質及細小碎骨，備用。
2 青木瓜削皮去籽後切塊，備用。
3 再起一鍋水（水量 1800ml）放入作法 1 的排骨、薑片，中火煮至沸騰，期間撈除浮沫雜質。
4 蓋上鍋蓋，以小火燜煮 30 分鐘。
5 加入青木瓜、紅棗，再燜煮 20 分鐘。
6 燉煮完成，以海鹽、白胡椒粉調味後即可享用。

Tips

❶ 請留意：青木瓜含有高濃度木瓜乳膠，孕婦不宜食用。
❷ 作法 1 以冷水開始汆燙排骨，有助排出骨頭中的雜質。
❸ 紅棗入鍋前，可依喜好決定是否劃刀。

營養鍋料理

肉末番茄豆腐湯

絞肉、番茄、豆腐、高麗菜，都是冰箱裡的常備食材；隨興的將絞肉醃漬後以油翻炒，炒出絞肉的香氣及油脂後，番茄入鍋炒勻，讓番茄與豬肉油脂融合並釋出大量茄紅素，一鍋營養湯品的基底即大致完成了，後續加入高湯及喜歡的食材，燉煮後就能端上桌享用了。

不知道喝什麼湯的時候，就煮這道吧。

材料 3 ～ 4 人份
豬絞肉…150g
牛番茄…2 顆（260g）
嫩豆腐…300g
高麗菜…150g
清水（或高湯）…500ml

醃料
醬油…2 小匙
蒜末…2 瓣份量
米酒…1 大匙
海鹽…1/4 小匙
五香粉…少許

調味料
海鹽…隨口味
黑胡椒…少許

作法

1 豬絞肉以醃料拌勻，靜置醃 5 分鐘；牛番茄切小丁、嫩豆腐切小塊、高麗菜手撕成小片，備用。

2 取鍋，熱油鍋後將豬絞肉入鍋拌炒，炒至豬絞肉焦香並將水分炒乾。

3 番茄入鍋，炒至熟軟，番茄汁釋出。

4 高麗菜入鍋，翻炒至軟。

5 嫩豆腐、清水（或高湯）入鍋，蓋上鍋蓋以小火燜煮 5 分鐘。

6 掀蓋，以海鹽及黑胡椒調味即完成。

Tips

❶ 作法 2 充分拌炒，將豬肉的組織水炒至蒸發，可減少肉腥，並增加肉香。

❷ 作法 3，藉由豬肉的油脂來拌炒番茄，可幫助番茄的茄紅素釋出，除了增加營養素，另湯頭也會呈現好喝的橘紅色色澤。

營養鍋料理

山藥玉米排骨湯

因為燉出排骨的精華，所以湯頭呈現濃白，喝一口，清爽的玉米香氣撲鼻而來，是因為加了當季甜玉米，至於紅蘿蔔的部分，則是為了橘紅色澤及添加更多營養所以有它。

食材的顏色搭得極好，有白有黃還有紅，營養也很給力，自信地端上桌吧！

材料 4 人份

排骨…300g
山藥…150g
玉米…1 根
紅蘿蔔…120g
清水或高湯…1400ml

調味料

海鹽…隨口味

作法

1 起一鍋冷水，加入排骨，以小火煮至接近沸騰時撈出排骨，以冷水將排骨表面上的雜質或小碎骨沖洗乾淨，備用。

2 山藥、玉米、紅蘿蔔均切塊，備用。

3 再起一鍋冷水（可覆蓋食材的水量），放入作法 1 的排骨及切妥的玉米、紅蘿蔔，中火煮至沸騰（期間如有雜質，撈出）。

4 煮滾後，蓋上鍋蓋並轉小火，燜煮 20 分鐘。

5 加入山藥，再繼續燜煮 10 分鐘。

6 以海鹽調味，完成。

Tips

山藥的黏液含有草酸鈣針狀結晶體，接觸皮膚會造成皮膚發癢或過敏等不適，因此在削山藥皮或切片時，建議戴上手套隔離山藥黏液。

營養鍋料理

肉片炒蛋蔬菜湯

「肉片炒蛋蔬菜湯」也可以叫它火鍋湯，因為除了食譜用的天然食材（肉片、雞蛋、豆腐、小白菜），另如果真的很想吃火鍋料，也可以隨興一起入鍋，例如蝦餃、燕餃或丸子等火鍋料都很適合。

自己煮食，能夠餐餐吃得開心，是最棒的事了。

材料 4 人份

豬火鍋肉片（梅花）…150g
雞蛋…3 顆
板豆腐…200g
小白菜…120g（1 小把）
青蔥…1 根
蒜頭…2 瓣
清水…600～700ml

醃料

醬油…2 小匙
香油…1/2 小匙
白胡椒粉…少許

調味料

醬油…2 小匙
海鹽…適量
白胡椒粉…少許
香油…少許

作法

1 火鍋肉片加入醃料拌勻，靜置醃 5 分鐘；雞蛋打散成蛋液、蒜頭切成蒜末、板豆腐切小塊、小白菜切小段、青蔥切成蔥花。

2 取適合拌炒的湯鍋，熱油鍋後加入醃妥的肉片，翻炒出油脂，起鍋。

3 原鍋，補少許油後，加入蒜末，炒香。

4 蛋液入鍋，炒至凝固後加入清水、板豆腐，煮至沸騰。

5 加入醬油，拌勻。

6 作法 2 的肉片入鍋，拌勻。

7 小白菜入鍋，以海鹽、白胡椒粉、香油調味。

8 加入蔥花，拌勻後即完成。

Tips ───────────────

❶ 醃過的肉片以熱油炒出香氣後再烹調，能讓鍋底的湯頭風味加分許多。

❷ 醬油的功用為增加湯色，主要鹹味來自海鹽，因此醬油加入少許即可。

大白菜雞肉湯

濃郁的雞湯有著大白菜的鮮甜味，疲累時最適合來上一份，快速補充營養及恢復體力。尤其是在家喝湯，心情更是放鬆許多。

晚餐煮鍋好湯，搭配舒適的好心情，暖了胃，也補了身，明天又能精神百倍地迎接各種挑戰。

材料 4～5人份

大白菜…400g
去骨雞腿肉…400g（土雞）
紅蘿蔔…100g
板豆腐…200g

雞肉醃料
海鹽…1/2 小匙
蒜泥…1 瓣份量
黑胡椒…少許

調味料
海鹽…隨口味

作法

1 去骨雞腿肉切小塊，加入醃料後拌勻，靜置20分鐘；大白菜洗淨後手撕成小片、紅蘿蔔切小塊、板豆腐切小方塊，備用。

2 取厚底湯鍋，加入少許油後，雞腿入鍋炒至肉色變白。

3 紅蘿蔔入鍋，翻炒均勻。

4 加入清水（或高湯）1000ml，以中火煮20～25分鐘（或煮至紅蘿蔔變軟）。

5 加入大白菜，再燜煮3分鐘。

6 加入板豆腐，煮片刻（將板豆腐煮熱）。

7 以適量海鹽調味，完成。

Tips

❶ 燉煮時間依雞肉與紅蘿蔔大小塊、鍋子的蓄熱性不一，請以當下條件微調整燜煮時間及火力。

❷ 大白菜易熟軟，因此於起鍋前再下鍋，短暫燜煮片刻口感較好。

❸ 作法5加入大白菜之前，如雞腿釋出較多的油脂，則撈除些許，湯頭較清爽不油膩。

營養鍋料理

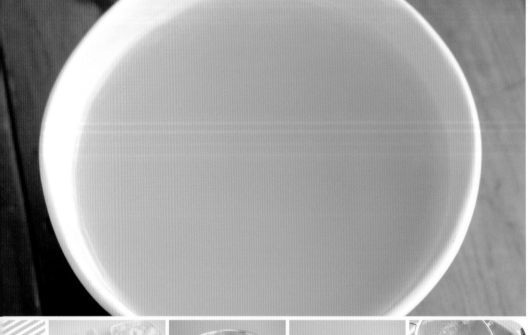

基底高湯

玉米蔬菜高湯

沒有高級或奇特的食材，所使用的材料均是在市場（或超市）就可以買到的蔬菜，除了食材簡便，全程也無須任何調味，只須以清水慢煮40～50分鐘，一鍋清香微甜的好湯頭就誕生了。

炒菜時、做煎蛋卷時都可以加入幾勺，為料理增添天然的清甜味，極好。

材料
洋蔥…1 顆
玉米梗…2 根
高麗菜…500g
紅蘿蔔…100g
清水…3000ml

作法
1 洋蔥去皮後切大塊、玉米取梗（削下的玉米粒可做其他料理使用，例如：辣味玉米肉堡 p.48）、高麗菜切大塊、紅蘿蔔去皮後切塊（也可不去皮，刷洗乾淨即可）。

2 取一大鍋（容量至少 4 公升以上），注入 3000ml 的清水、作法 1 的材料。

3 蓋上鍋蓋，以中小火燉煮 40～50 分鐘，關爐火，放涼。

4 瀝掉所有燉煮的食材，僅留清湯，完成。

Tips

❶ 亦可使用方便取得且耐燉煮的食材，但玉米梗是這道蔬菜湯的香甜味主要來源，建議不要省略。

❷ 替換食材時，避免使用風味太過強烈的食材，以利完成後與其他食材做搭配時不搶味。

❸ 完成後，可分裝冷藏或冷凍保存，冷藏（約可保存 5 天）、冷凍（約可保存 1 個月）。

營養鍋料理

基底高湯

昆布柴魚高湯

昆布柴魚調湯用途很廣,可以蒸蛋、煮麵線、煮關東煮、煮味噌湯等家庭料理都很適合。

其中需要特別留意的是,昆布未泡軟前,附著於表面的白粉容易遭到誤解,以為是昆布發霉了,但其實白色粉是昆布天然的美味來源。

認識昆布,並依其特性取其最甘醇的美味,整個過程就如尋寶一樣,每一道關卡都有學問,真有趣。

材料

昆布…25g
柴魚…25g
清水…2000ml

作法

1 昆布免清洗,以料理剪刀剪成適合入鍋的大小,以2000ml 的清水浸泡至少 2 個小時。

2 昆布浸泡完成後,整鍋(不用取出昆布)以小火煮至快沸騰時,撈出昆布。

3 緊接著加入柴魚(無須攪拌),煮至沸騰即關火。

4 柴魚浸泡 10 分鐘,以瀝網或料理棉布將高湯瀝出即完成。

Tips

❶ 昆布表層白粉是甘露醇,是昆布本身自然釋出的物質,是鮮味的來源,因此不要洗掉。

❷ 昆布高溫煮沸時容易讓湯頭變得混濁,且易有雜味釋出,因此昆布於冷水即開始煮,小火煮至快沸騰時立即取出(作法 2)。

❸ 柴魚入鍋時不要攪拌,可幫助湯頭不混濁,另柴魚避免久煮,煮久會有苦味,故作法 3 柴魚入鍋後,一煮沸即關火,以浸泡的方式將鮮味擴散開來。

❹ 浸泡後的昆布不要丟棄(柴魚片可丟棄不用),細切後,煮味噌湯時可以使用,或加些嫩薑絲、醬油、烏醋、糖及香油等調味,烹調成涼拌海帶小菜。

基底高湯

果香豬骨高湯

熬一鍋有蘋果香氣、有洋蔥甜味、有排骨營養的高湯吧！日常煮湯時加一些，炒菜或蒸蛋時也可以加一些，甜味湧現，為湯品及料理增添更多風味層次。

材料

豬骨…600g
洋蔥…2 顆
蘋果…1 顆
老薑…20g
月桂葉…1～2 片
清水…3500ml

作法

1 起一鍋冷水，加入排骨，以小火煮至接近沸騰時撈出排骨，以冷水將排骨表面上的雜質或小碎骨沖洗乾淨，備用。

2 洋蔥及蘋果切塊、老薑切片，備用。

3 再起一鍋冷水，放入作法 1 的豬骨及切妥的洋蔥及蘋果，中火煮至沸騰（期間如有雜質則撈出）。

4 煮滾後，蓋上鍋蓋轉小火，燜煮 90 分鐘。

5 放涼，瀝出燉煮食材，留下清高湯即完成。

Tips

❶ 因為經過較長時間的熬煮，因此作法 1 可幫助排出豬骨裡的雜質，有助燉煮後的湯品口感清透，無雜味。

❷ 本食譜為濃縮高湯版本（屬甜口味湯頭），使用時建議以適量清水稀釋（煮湯）或少份量免稀釋（炒菜、蒸蛋）使用。

營養鍋料理

基底高湯

雞高湯

以雞骨頭來燉煮高湯，無須太多技巧，給它時間經過一番燉煮，就能完成一鍋雞或豬骨高湯了。

須留意的是，骨頭一定要新鮮，湯頭才能展現淡雅風味，而不是腥臭味或色澤怪異的湯色。

假日閒暇時，將各式高湯都燉好、燉滿吧！

材料

雞胸骨（雞架子）…1付（220g）
雞腳…4隻（約300g）
青蔥…2根
老薑…1小段（約10g）
蒜頭…4瓣

汆燙料
米酒…1大匙

作法

1 起一鍋冷水，將雞胸骨、雞腳、米酒1大匙入鍋，以小火煮至沸騰前，撈起鍋，沖洗乾淨備用。

2 青蔥綁成一束（方便撈起）、老薑及蒜頭拍扁，備用。

3 另起一鍋新的冷水（3000ml），將作法1的雞胸骨、雞腳、青蔥、老薑、蒜頭入鍋，以大火煮至沸騰，期間如有雜質則撈除。

4 蓋上鍋蓋，轉小火，燉煮90分鐘。

5 以瀝網過濾燉湯食材，僅留高湯即完成。

Tips ────

❶ 燉煮完成的雞高湯湯色濃白，可於做料理時使用，或稀釋後加入各式湯食材及調味享用。

❷ 如雞骨上的油脂釋出較多油脂，可於燉煮完成後撈除，保有湯頭的清爽口感。

EGG DISHES

● ● ● ● ● ● ● ● ●

一顆不夠蛋料理

醬燒荷包蛋

醬燒荷包蛋是白飯小偷！！

鹹鹹甜甜又微酸著實下飯，但也因為烹調簡單完成後很好吃，所以早已登記在家常菜名冊裡，旁邊還貼心備註著：白飯得多準備些（笑）。

材料

雞蛋⋯4 顆
青蔥⋯1 根

醬汁，預先調妥
番茄醬⋯2 小匙
醬油⋯2 小匙
清水⋯1 大匙
巴薩米克醋⋯1 小匙（喜歡酸味重的，加 2 小匙）
砂糖⋯1 小匙

調味料
油⋯少許

作法

1 青蔥切成蔥花備用。
2 熱油鍋，雞蛋逐一入鍋，煎至半凝固時，以鍋鏟將雞蛋對折，煎至喜歡的熟度。
3 倒入醬汁，煮至上色即可起鍋。
4 盛盤，撒入蔥花，完成。

Tips

巴薩米克醋亦可以烏醋取代。

醬油蛋

「醬油蛋」是吃膩水煮蛋後的突發奇想（笑）。

將水煮蛋以少量的油煎至表皮焦焦香香的，接著再以醬汁煮至上色及入味，果真完成後的口味很令人滿意。

多元口感有層次，醬汁風味也被煮進焦香的蛋皮表面，香氣因此更顯濃郁了，而且，一顆顆完整且上醬色的水煮蛋，在又紅又綠（辣椒圈、蔥花）的妝點下超有氣勢，看起來就是厲害的蛋啊！

材料

雞蛋…6 顆
蒜末…4 瓣份量
蔥花…2 根份量
辣椒圈…1 根份量
醬汁，預先調妥
醬油…3 大匙
砂糖…1 大匙
味醂…1 大匙
飲用水…50ml

作法

1 水煮蛋作法：將雞蛋沖洗後投入一鍋冷水中，開爐火，以中大火煮 12 分鐘，撈起鍋後浸泡於冷開水裡，冷卻後剝掉蛋殼，於表面輕劃數刀備用。

2 熱油鍋，水煮蛋入鍋，以中小火煎至表面呈現金黃焦香。

3 加入蒜末、炒出香氣。

4 倒入醬汁，來回翻動水煮蛋，使其均勻上色及入味。

5 作法 4 的醬汁煮至濃稠時，撒入蔥花及辣椒圈即完成。

Tips

將水煮蛋表面輕劃數刀可幫助入味，另也可防止煎水煮蛋的途中，內部因為溫度太高而爆開。

雞蛋料理

高麗菜雞蛋燒

雞蛋底部煎至焦香，中間的口感是香嫩又帶有起司味道，上層則是清爽的高麗菜為多層次口感助陣，滋味豐富，超級好吃。

有菜有蛋又容易料理，親和度、便利度、營養度都很高的「高麗菜雞蛋燒」可用來當早餐、午餐、晚餐或任何餐享用都無違和感。

材料 2 人份

雞蛋…4 顆
高麗菜…80g（切成細絲）
起司…40g（Mozzarella）

調味料
海鹽…適量
黑胡椒…少許

作法

1 取小平底鍋 20cm，熱油鍋後打入 4 顆雞蛋，以小火香煎。
2 於雞蛋上均勻地撒入起司。
3 鋪上高麗菜絲，撒入少許海鹽及黑胡椒。
4 蓋上鍋蓋或以鋁箔紙覆蓋於上，煎至喜歡的熟度，完成。

Tips

❶ 以鋁箔紙覆蓋保留透氣，可讓高麗菜保有脆口感，但如果喜歡香軟的高麗菜口感，可直接使用鍋蓋，燜煮至軟。
❷ 全程以小火慢煎，以避免底部燒焦。

雞蛋料理

芹菜葉煎蛋

芹菜的葉子也可以吃？！

是的，芹菜葉也可以入菜喔；芹菜葉的風味獨特，營養豐富，丟掉多可惜。

如果喜歡芹菜的味道，下回芹菜摘下的葉子請不要丟棄，試試將其切碎後煎蛋、做肉餅或丸子，香味及口感都很特別，相信你一定也會喜歡。

材料 2～3人份

芹菜葉…20g

雞蛋…4顆

調味料

海鹽…1/4小匙

作法

1 芹菜葉洗淨後切碎。

2 將切碎的芹菜葉與雞蛋及海鹽一起打散成蛋液。

3 取平底鍋，熱油鍋後芹菜葉蛋液入鍋，以中小火香煎。

4 煎至蛋液略凝固時，捲成蛋捲狀，煎至全熟即可起鍋。

5 靜置片刻，切塊享用。

Tips ———————————————

挑選葉片顏色為淺綠色的芹菜葉，口感會比較嫩。

雞蛋料理

再家常不過的洋蔥炒蛋，每個人都有不同的料理法，喜歡的口味也不盡相同。

我呢，我也有好幾種洋蔥炒蛋作法，有時會加些辣醬，讓辣味開開胃；有時則是熗入少許甜味醬油，增加風味及美味色澤等等作法。

如此多變，怎麼變都很好吃，這就是家常洋蔥炒蛋的魅力所在。

洋蔥炒蛋

材料 2～3人份

雞蛋…4顆
洋蔥…100g
紅蘿蔔…10g

調味料

海鹽…隨口味

作法

1 雞蛋加入海鹽（約1/4小匙）打散成蛋液；洋蔥順紋切成絲；紅蘿蔔切絲備用。

2 熱油鍋，蛋液入鍋，以中火快速拌炒，炒至半熟起鍋。

3 原鍋，再補少許油後，洋蔥、紅蘿蔔、清水 50ml，拌炒至洋蔥略軟。

4 作法 2 的半熟炒蛋回鍋，拌炒至喜歡的熟度。

5 以海鹽調味即完成。

Tips

❶ 將洋蔥順紋切，口感較清脆（相較逆紋切），且形狀較漂亮。但如拌炒時間不夠，易有辛嗆味，如不喜歡辛嗆味道，建議改以較容易釋放甜味的逆紋切，並充分炒至熟軟，即可享用口感香甜的洋蔥。

❷ 作法 2 將炒蛋炒至半熟先起鍋，待其他食材炒妥後再回鍋，可讓炒蛋保有嫩口感。

鮮蝦蛋

這蝦味,太多了!太滿了!
這道鮮蝦蛋的蝦味實在太濃了,之所以濃郁,是因為在煎蛋前,以蝦頭煉了蝦油,蝦味的精華流淌於熱油裡,再以蝦油為基底料理成滑蛋,蛋很嫩,蝦很香,好吃,太好吃了!

材料 4 人份
雞蛋…4 顆
蝦子(大白蝦)…4 尾
蔥花…1 根份量

調味料
熱炒油…1 大匙
海鹽…1/4 小匙
七味粉…少許

作法

1 蝦子挑掉腸泥(去腸泥方式請見 p.15)、去蝦頭及蝦殼(蝦頭留用)。

2 取平底鍋,加入 1 大匙的熱炒油,油熱後加入蝦頭及蝦仁,以中火煎至色澤均呈現通紅,起鍋,蝦頭不留用,蝦仁切小塊。

3 雞蛋加入海鹽、作法 2 的切碎熟蝦仁,攪拌成蛋液備用。

4 原鍋原油,倒入蛋液,待蛋液邊緣略凝固時,以鍋鏟輕推蛋液,同時搖動鍋子,讓未熟的流動蛋液接觸鍋面。

5 煎至喜歡的嫩度,撒入蔥花、少許七味粉,即可起鍋。

Tips
❶ 蝦頭入鍋香煎時,可以鍋鏟輕壓,使蝦漿流出與熱油融合後,煉出的蝦油滋味很好。
❷ 作法 4 不翻炒蛋液,能讓蛋液保有超嫩口感。

雞蛋料理

韭菜乳酪煎蛋

飽口的煎蛋、韭菜的獨特香氣、乳香濃郁的起司，三大美味元素全到齊了。

這道料理源自韭菜盛產期，本想買回家包水餃用，孰料，從市場回到家後，才發現忘了買水餃皮，家裡突然來了一大把韭菜，當然得趁新鮮吃光它啊，各式韭菜料理連 3 日輪番上陣，其中這道「韭菜乳酪煎蛋」是其中一道，也是最好吃的一道。

材料 2 ～ 3 人份
韭菜…40g
雞蛋…3 顆
起司…30g（Mozzarella）

調味料
海鹽…1/4 小匙

作法

1 韭菜切成末後與雞蛋、海鹽打散成韭菜蛋液。

2 取平底鍋，熱油鍋後倒入作法 1 的韭菜蛋液，以中小火香煎。

3 煎至蛋液略凝固時，均勻的撒入起司。

4 捲成蛋卷狀，煎至全熟（蛋卷呈現札實感）即可起鍋。

5 靜置片刻，切塊享用。

Tips
❶ 韭菜亦可替換成蔥花。
❷ 煎蛋卷時，左右手各持 1 支鍋鏟相互輔助的翻捲蛋液，比較容易捲成功。

雞蛋料理

雞蛋豆腐炒碎蛋

想吃嫩口的炒蛋，又想吃香滑的雞蛋豆腐時，就來烹調這道「雞蛋豆腐炒碎蛋」吧！

食材容易備妥，烹調方式也很簡便，快速完成後，一道有蛋、有豆腐，雙重享受，雙倍營養的豆腐雞蛋料理就能端上桌了，吃一口，幸福滿點。

材料 4 人份

雞蛋豆腐…1 盒
雞蛋…4 顆
蔥花…3 根份量

調味料
薄鹽醬油…1 小匙
海鹽…1/2 小匙
味醂…1 小匙

作法

1 雞蛋豆腐切小塊，備用。
2 雞蛋、蔥花、調味料一起打散均勻。
3 雞蛋豆腐放入作法 2 的蛋液裡，輕輕拌勻。
4 熱油鍋，作法 3 入鍋以小火慢煎，同時以鍋鏟輕輕推動，直到煎至喜歡的熟度，即可起鍋。

Tips ————————————

❶ 蛋液入鍋後，全程以鍋鏟輕推，可防止雞蛋豆腐因為翻炒而破碎，也能讓蛋液保有嫩口感。

❷ 豆腐與雞蛋的比例可隨喜好調整，喜歡豆腐多些，使用整盒豆腐；喜歡雞蛋多些，則使用半盒豆腐即可（海鹽也少一些）。

❸ 亦可使用嫩豆腐，但嫩豆腐較易破碎，所以烹調的過程須多留意。

雞蛋料理

古早味菜脯蛋

從小吃到大的菜脯蛋有著滿滿的美好回憶，每次吃，總是能夠開心地多扒好幾口飯～滿足。

除了熟悉的蔥花蛋香，混合其中的鹹脆菜脯，更是好吃的精髓所在；純粹、復古、雋永。想念家料理時，菜脯蛋就是我的救贖。

材料 約 3 ～ 4 人份
雞蛋…4 顆
菜脯…60g
青花…2 根份量

作法
1 菜脯切碎，以冷水浸泡約 10 分鐘，擠乾水分備用。
2 取鍋，作法 1 的菜脯入鍋以小火乾煸（免入油），煸出香氣後起鍋。
3 雞蛋、蔥花、煸過的菜脯，混合拌勻成蛋液。
4 取平底鍋，加入 1 大匙油，油燒熱後倒入蛋液。
5 蛋液略凝固時，以筷子輕輕劃圈（營造蓬鬆感），幾乎凝固時即停止劃圈，以小火煎至蛋液底部呈現金黃色。
6 翻面，續煎至全熟，起鍋。
7 靜置於網架上片刻，切塊享用。

Tips ───────────
❶ 市售菜脯的鹹度不一，建議於浸泡前試吃嘗鹹度，再斟酌浸泡的時間。
❷ 菜脯以小火乾煸過，香氣更足。
❸ 蛋液入鍋時，在蛋液尚未完全凝固前，可輕輕搖動鍋子，讓蛋液均勻地流動於鍋面，此舉可幫助完成後的厚度一致。

雞蛋料理

肉片炒蛋

肉片炒蛋是清冰箱料理,說是清冰箱,但一點也不馬虎!
將吃火鍋時剩餘的肉片,經過簡單醃漬後與雞蛋一起料理,肉片入口鹹
香、雞蛋滑嫩,很輕易就吃光一整盤。
肉片消滅了,蛋白質也補滿了,雙贏!

材料 2〜3 人份

雞蛋…4 顆
火鍋豬肉片(梅花)…4
片

A 調味料
薄鹽醬油…1/2 小匙
味醂…1 小匙

B 調味料
老薑(切碎)…1/4 小匙
薄鹽醬油…1/2 小匙
香油…1/2 小匙
五香粉…少許

調味料
海鹽…隨口味
香油…隨口味
七味粉…隨口味

作法

1 雞蛋加入 A 調味料,拌勻成蛋液,備用。

2 肉片切適口大小,加入 B 調味料,拌勻後靜
置醃 5 分鐘。

3 熱油鍋,肉片入鍋以中小火炒至全熟,起鍋
備用。

4 原鍋,再補少許油,油熱後倒入蛋液,炒至
半熟。

5 作法 3 的肉片回鍋,整鍋拌炒至喜歡的蛋液
熟度。

6 以海鹽、香油、七味粉調味,完成。

Tips

❶ 將肉片以醬料醃過後再烹調,口感較有層次。

❷ 炒過肉片的鍋子,原鍋接續炒蛋,能讓炒蛋留有肉
香,完成後的風味更融合。

雞蛋料理

VEGETABLE DISHES

多吃就有好氣色的蔬菜料理

蒜香蘑菇

以家常料理的菇類來說，蘑菇屬較高價位的菇類，但有些料理還真的不能沒有它，尤其是用在義大利麵的肉醬上、燉煮牛肉等，有了蘑菇，香氣不凡。

但這次蘑菇不當配角了，將其乾煎至水分充分釋放後，風味濃郁，質地高雅，讓蘑菇成主角，一點也不為過。

材料 2 人份

蘑菇…約 190g
蒜頭…40g

調味料

鹽…隨口味
黑胡椒…隨口味

作法

1 蘑菇快速地沖洗後拭乾水分，切 4 等分（依蘑菇大小或喜好決定切法）；蒜頭切成蒜末備用。

2 取鍋，蘑菇入鍋以小火乾煎，有耐心地煎至蘑菇的水分蒸發，飄出香氣。

3 加入少許油，蒜末也入鍋，拌炒出香氣。

4 以鹽、黑胡椒調味，拌勻後即完成。

Tips

蘑菇入鍋後先不急著拌炒（易生水），以中小火慢煎，將水分煎乾，蘑菇的香氣會很濃郁。

蔬菜料理

豆芽炒蛋絲

國民食材「豆芽菜」是我家餐桌上的老朋友；便宜、好吃、入菜很方便，以熱油快炒口感清脆、煮湯時隨興丟一把入湯鍋裡，花小錢即可為湯頭增添清爽甜味。

心情好或有閒暇時，不妨將豆芽菜的頭尾以料理剪刀一一去除，僅保留中段的豆芽菜來烹調，國民食材立刻躍升為高級食材，盛盤時，心情也會跟著雀躍起來。

材料 約 2 人份
綠豆芽（剪掉頭尾）…150g
雞蛋…1 顆
蒜末…2 瓣份量
雞液調味料
海鹽…1 小撮
砂糖…1/2 小匙
調味料
海鹽及黑胡椒…隨口味

作法
1 雞蛋加入海鹽及砂糖，攪拌勻勻。
2 取平底鍋（加少許油），將蛋液入鍋煎成蛋皮，起鍋，略放涼後切成蛋絲備用。
3 原鍋，補少許油，將蒜末入鍋以中小火炒香。
4 綠豆芽入鍋，快速拌炒至軟（可視情況加少許水分）。
5 蛋絲入鍋，整鍋拌勻後以適量的海鹽及黑胡椒調味，完成。

Tips
雖然豆芽菜去掉頭尾很費工，但去掉頭尾後的豆芽菜，無論是在口感上或視覺上，都很加分。

金莎肉絲四季豆

鹹蛋除了炒苦瓜，炒四季豆也別有一番風味，加入鹹蛋及辣椒的四季豆，經過一陣快炒，風味及口感層次都會立刻更上一層！

材料 2 人份
豬肉絲…100g
四季豆…130g
鹹蛋…半顆
蒜頭…2 瓣
辣椒…隨口味

醃料
醬油…1 小匙
白胡椒粉…少許
蒜末…1 瓣量

調味料
海鹽…隨口味
白胡椒粉…少許

作法

1 肉絲加入醃料，拌勻後靜置醃 10 分鐘。

2 四季豆挑掉粗纖維，切段；鹹蛋切碎；蒜頭切成蒜末；辣椒切成小圈備用。

3 熱油鍋，作法 1 的肉絲入鍋，以中小火翻炒至熟，起鍋備用。

4 原鍋，補少許油後加入蒜末，炒香。

5 四季豆入鍋（可視情況補少許水），拌炒至色澤轉為翠綠。

6 作法 3 的肉絲、鹹蛋及辣椒入鍋，整鍋拌炒均勻至入味。

7 以適量的海鹽及白胡椒粉調味，完成。

Tips
市售鹹蛋的鹹度不一，請於起鍋前試一下味道，如覺鹹度不夠再以海鹽調味。

蔬菜料理

豌豆苗炒嫩肉絲

各款青菜炒肉絲料理，是我很喜歡的蔬菜料理方式，因為肉絲能增加炒青菜口感上的豐富度，盛盤時也很大氣。

平凡的炒青菜料理，都能因為肉絲的幫忙，成為餐桌上受歡迎美饌佳肴。

材料 2人份

豬肉絲…80g
豌豆苗…180g
蒜頭…1 瓣
辣椒…隨口味

醃料

醬油…1 小匙
香油…1/2 小匙
白胡椒…少許
太白粉…1/2 小匙（最後再拌入）

調味料

海鹽…隨口味

作法

1 豬肉絲拌入醃料（太白粉除外），拌勻後再拌入太白粉，拌勻後靜置 10 分鐘；豌豆苗切小段、蒜頭切成蒜末、辣椒切成小圈，備用。
2 熱油鍋，作法1的肉絲入鍋，以中火拌炒至半熟。
3 蒜末及辣椒入鍋，炒至肉絲全熟，香氣四溢。
4 豌豆苗、少許水分入鍋，拌炒至喜歡的熟度。
5 起鍋前，以海鹽調味，完成。

Tips

❶ 豌豆苗易熟，故於作法 4 調味後大致拌炒後亦可直接關火，利用鍋子的餘溫來做最後的拌炒。
❷ 豌豆苗可替換成各式喜歡的青菜。

炒什錦

雖然是副菜，但在不想吃肉的日子，這道炒菜可以吃上一盤也不嫌膩，喜歡，立刻躍升為主菜。「炒什錦」使用的食材都是冰箱裡常出現的材料，將這些習慣使用的材料匯集炒成一鍋，出乎意料的好吃。

材料 2 人份

高麗菜…200g
木耳…100g
秀珍菇…100g
香菜…2 株
蒜頭…2 瓣
辣椒…1 條（或隨口味）

調味料

薄鹽醬油…1 大匙
香油…1 小匙
海鹽…隨口味

作法

1 高麗菜及木耳撕成小片、秀珍菇切小段、香菜切末、蒜頭切成蒜末、辣椒切成小圈，備用。
2 熱油鍋，蒜末入鍋以中小火炒香。
3 木耳及秀珍菇入鍋（可視情況補少許水分），炒軟。
4 加入薄鹽醬油，拌炒上色。
5 高麗菜入鍋、少許水分入鍋，炒軟。
6 以海鹽調味。
7 起鍋前，加入香菜、辣椒、香油，充分拌炒出香氣，完成。

Tips

❶ 材料可依方便準備的食材，彈性調整。
❷ 香菜能讓這道炒菜的香氣更獨特，但如果不習慣香菜，亦可省略無妨。
❸ 喜歡辣味的人，辣椒可於作法 2 入鍋，與蒜末一起炒出香氣及辣味。

蔬菜料理

蒜香奶油青花菜

淡雅的奶油香、清脆的青花菜、香軟的鮮香菇，三大主食材形成無法取代的美味金三角，香菇與青花菜一起吃或兩者分開吃，都能一口接一口吃，怎麼吃都吃不膩，好神奇。

材料 2 人份
青花菜…170g
蒜頭…5 瓣
無鹽奶油…20g
新鮮香菇…5 朵
調味料
海鹽…隨口味
乾燥巴西里…少許
（可省略）

作法

1. 青花菜切小朵，以滾水氽燙 50 秒，撈起鍋備用；蒜頭切成蒜末、香菇切片，備用。
2. 起鍋，冷鍋加入奶油，以中小火煮至融化。
3. 香菇入鍋（可視情況加少許水），炒至香軟。
4. 蒜末入鍋，與香菇一起炒香。
5. 氽燙過的青花菜回鍋（視情況再補少許水），拌勻。
6. 以海鹽調味，撒些巴西里，拌勻即完成。

Tips

❶ 作法 1 氽燙青花菜的時間，隨青花菜的大小朵調整，勿燙太久，避免流失太多青花菜營養素。

❷ 除了加無鹽奶油，另也可加些少許食用熱油一起拌炒，讓整體的口感更有油潤感。

炒脆絲瓜

絲瓜除了價格親民好取得,買回家後用來煮湯、煨蛤蜊或像這道加了薑絲、紅蘿蔔一起快炒成「炒脆絲瓜」都好好吃。

另因為削皮時入刀淺一點,保留翠綠模樣,口感也清脆許多,易生水的籽囊也去除了,讓絲瓜入口爽脆無比,是前所未有的食用絲瓜體驗。

材料 約 4 人份

絲瓜…1 條
老薑…3 片
紅蘿蔔…15g

調味料

米酒…1 大匙
海鹽…適量
香油…1 小匙
白胡椒粉…少許

作法

1 絲瓜刨皮後(不要刨太深,保留綠色部分)切小段、老薑及紅蘿蔔切絲備用。
2 熱油鍋,薑絲入鍋以中小火炒香。
3 紅蘿蔔絲入鍋,拌炒均勻。
4 絲瓜、米酒入鍋,翻炒均勻,蓋上鍋蓋,小火燜煮 1～2 分鐘。
5 以海鹽、香油、白胡椒粉調味,完成。

Tips

絲瓜刨皮時,刨刀下刀淺一些,不要刨太深,保留絲瓜的綠色部分,口感清脆,盛盤也較美。

蔬菜料理

洋蔥炒菇

老是當配角的洋蔥，這回是主角！
將洋蔥快速拌炒後，吃一口，舌尖充滿洋蔥的爽脆鮮甜，對於喜歡洋蔥料理的人來說，就是無比幸福的時刻。

材料 2 人份

洋蔥…200g
香菇…4 朵
辣椒…隨喜好
青蔥…1 根

調味料

海鹽…隨口味
黑胡椒…少許

作法

1 洋蔥切小段、香菇細切、辣椒切小圈、青蔥切成蔥花備用。
2 熱油鍋，香菇入鍋炒香。
3 洋蔥入鍋，加少許水，以中火翻炒均勻或炒至喜歡的熟度。
4 蔥花、辣椒入鍋，拌勻。
5 以海鹽、黑胡椒調味即完成。

Tips

這道料理特地不將洋蔥過度翻炒，以保有爽脆口感，如喜歡甜軟的洋蔥口感，則多加些水分，炒至洋蔥色澤轉為琥珀色即可。

韭菜花炒蛋

母親喜歡韭菜花料理，韭菜花炒蛋、韭菜花炒甜不辣、韭菜花炒蝦仁等，都是母親拿手的。

但我小時候不喜歡韭菜花，所以只挑盤子裡的炒蛋、甜不辣或蝦仁吃。現在，隨著自己天天下廚，口味及能接受的食物比小時候更多元，也跟母親一樣愛上韭菜花料理了；奇妙的是，我家女兒跟我小時候一樣，也只吃一旁的配料，韭菜花不吃就是不吃，與小時候的我如出一轍（笑）。

材料 2 人份
韭菜花…150g
蒜頭…3 瓣
雞蛋…2 顆

調味料
海鹽…隨口味

作法

1 韭菜花洗淨後切段；雞蛋加少許海鹽後，打散成蛋液；蒜頭切成蒜末備用。

2 熱油鍋，蛋液入鍋，以中火翻炒至半熟時起鍋備用。

3 原鍋再補少許油，將蒜末入鍋，以中小火炒出香氣。

4 韭菜花、少許清水入鍋，翻炒至色澤轉為翠綠。

5 作法 2 的蛋液入鍋，加入適量海鹽，整鍋拌炒至喜歡的熟度即可起鍋。

Tips ———

韭菜花是韭菜的花苔，購買時選含苞待放未開花的韭菜花，其口感最好。

蔬菜料理

培根蒜香高麗菜

平常買培根的機會不多，但習慣在每次露營時帶幾片培根一起上山，在山林裡做培根早餐時，聽著鍋子裡的培根滋滋作響，看著眼前的培根慢慢縮小，聽覺與視覺都很享受，莫名的療癒。

沒帶出門的培根，就來炒菜吧，幾乎是大部分的青菜都可以與培根搭配，其中，炒高麗菜是基本款，清脆鹹香必定好吃，不會出錯。

材料 2人份

高麗菜…300g
培根…2條
蒜頭…2瓣

調味料
海鹽…隨口味

作法

1 高麗菜手撕小片、培根細切、蒜頭切成蒜片，備用。
2 起鍋（免入油），培根入鍋以小火乾煎，煎出油脂及表面呈現焦香，起鍋備用。
3 原鍋，高麗菜、少許水分入鍋，以中小火拌炒至喜歡的熟度。
4 作法2的培根回鍋、蒜片也入鍋，整鍋拌炒均勻。
5 以海鹽調味，完成。

Tips

❶ 培根的油脂量較多，因此全程而無須額外加油，以乾煎培根時培根所釋出的油脂就是足夠拌炒高麗菜了，完成後的高麗菜有著培根的香氣及油脂，極為美味。
❷ 如購買的是低脂版培根，因為油脂量較少，故於烹調的過程中需視情況補油。

涼拌柴魚小黃瓜

涼拌小黃瓜是熟悉的老味道，夏天胃口不佳時，清爽酸甜又脆口的涼拌小黃瓜，絕對是開胃好幫手，這回，除了基本食材，另外加了風味獨特的柴魚片，整體口感因為柴魚片更有層次了。

材料 2 人份

小黃瓜… 2 條 （約 200g）
蒜頭… 2 瓣
辣椒…隨喜好
柴魚片…1 小把

殺青料
海鹽…1/2 小匙

醃料
巴薩米克醋…2 小匙
砂糖…1 小匙
芝麻香油…1/2 小匙

作法

1 小黃瓜拍扁後切段，加入海鹽，拌勻醃 10 分鐘後擠乾釋出的水分（殺青）。

2 蒜頭切扁、辣椒斜切備用。

3 將作法 1 的小黃瓜加入蒜頭、辣椒、柴魚片及全部醃料，抓拌均勻，冷藏後享用。

Tips ——————

❶ 使用 100% 純芝麻榨取的芝麻香油（成分無其他油品）香氣會比較足。

❷ 加柴魚後的風味很融合，好吃，建議不要省略。

❸ 巴薩米克醋亦可使用習慣的醋品（例如烏醋、果醋等），甜度亦隨醋品的酸度彈性微調。

蔬菜料理

爽香鹹蛋炒茭白筍

個性好的茭白筍與個性獨特的鹹蛋在一起了，茭白筍染了鹹蛋的香氣，鹹蛋的濃烈風味被茭白筍的鮮甜拉回正軌，不過於奔放。

魚幫水，水幫魚，是這道料理的美味精髓。

材料 2 人份
茭白筍…200g
洋蔥…1/4 顆
鹹蛋…1 顆
蒜頭…3 瓣
青蔥…1 根
辣椒…1 條

調味料
米酒…1 大匙
香油…少許

作法
1 茭白筍去筍殼後切滾刀塊、洋蔥切丁、鹹蛋切碎、蒜頭切末、青蔥切成蔥花、辣椒切小圈，備用。
2 熱油鍋，洋蔥入鍋以中小火炒香。
3 鹹蛋入鍋，拌炒至出現油泡。
4 茭白筍、蒜末、米酒入鍋，拌炒至茭白筍全熟。
5 加入蔥花、辣椒、香油，整鍋拌炒入味即完成。

Tips
茭白筍如有一點點的小黑點，是菰黑穗菌的孢子，可食用不影響口感，但如果菰黑穗菌的孢子數量太多，除了盛盤的賣相不佳，風味也會受影響。

莧菜炒金針菇

莧菜可煮湯、可熱炒、可水煮，烹調方式多元，我呢，最喜歡的作法是搭1～2樣食材，以熱油及蒜末一起炒成一盤，有時加肉絲或皮蛋一起炒、有時則是加入各式菇類，就如這道「莧菜炒金針菇」！

莧菜一把、金針菇一包，就能炒出一大盤健康蔬菜料理，著實經濟又實惠，尤其是在吃魚吃肉之餘，如有一盤炒蔬菜佐餐，當餐的營養及口味都會更加均衡。

材料 2～3人份
莧菜…1 把
金針菇…1 包
蒜頭…3 瓣
調味料
海鹽…隨口味

作法
1 莧菜切段、金針菇切掉蒂頭後掰散、蒜頭切成蒜末，備用。
2 熱油鍋，蒜末入鍋以中小火炒香。
3 金針菇入鍋，炒勻。
4 莧菜、少許水分入鍋，翻炒至莧菜熟軟。
5 以海鹽調味，拌勻後即完成。

Tips
如購買的金針菇是真空包裝，入鍋前無須水洗，將蒂頭切除掰散後就能入鍋了，但如果習慣水洗過比較放心，於入鍋前快速地沖洗即可（不過度浸泡或沖洗），另洗過後應當餐煮完，以保新鮮。

蔬菜料理

蒜炒鹽麴茭白筍

褪去翠綠筍殼後，白淨無瑕的茭白筍就藏在其中，看起來好潔白，好鮮嫩，都還未下鍋烹調，腦子裡就湧現好多品嘗茭白筍的清甜想像。

茭白筍當然要吃當季的，無須太多配料或調味料，僅以簡單的油蒜清炒並以鹽麴調味，即能盡享爽甜，回味無窮。

材料 2 人份
茭白筍…200g
紅蘿蔔…20g
蒜頭…2 瓣

調味料
鹽麴…1/2 小匙
（或隨口味）

作法
1 茭白筍去筍殼後切滾刀塊、紅蘿蔔切絲、蒜頭切末備用。
2 熱油鍋，蒜末入鍋以中小火炒香。
3 紅蘿蔔、茭白筍、少許水分入鍋，拌炒均勻。
4 加入鹽麴，整鍋拌炒入味，茭白筍全熟即可起鍋。

Tips
茭白筍裡如有一點點的小黑點，是菰黑穗菌的孢子，可食用不影響口感，但如果菰黑穗菌的孢子數量太多，除了盛盤的賣相不佳，風味也會受影響。

培根冬瓜

冬瓜料理清爽又好吃，盛產季節時的價格也很實惠，可煮湯、可清炒、可醬煮，料理法真是多元，是友善又親切的好食材。

這回，想用清炒的，不加蝦米或蝦皮，改加煎至焦香的培根碎，讓培根的香味瀰漫其間，增色也添香，好看又好吃。

材料 3～4 人份
冬瓜⋯輪切片一片
培根⋯3 條
蒜頭⋯2 瓣
新鮮香菇⋯2 朵
調味料
海鹽⋯隨口味

作法

1 冬瓜去皮去籽囊後切小片、培根細切、蒜頭切成蒜末、香菇切片，備用。

2 起鍋，培根入鍋乾煎（免入油），以中小火煎至焦香，釋出油脂。

3 冬瓜、蒜末、香菇及少許水入鍋，拌炒均勻。

4 蓋上鍋蓋，以小火燜煮片刻，煮至喜歡的冬瓜軟度。

5 以海鹽調味，完成。

Tips ⸺

培根的油脂量較多，因此全程而無須額外加油，但如購買的是低脂版培根，因為油脂量比較少，故於烹調的過程中需視情況補油。

蔬菜料理

西洋芹炒旗魚黑輪

西洋芹的香氣很獨特，除可用來煮湯讓湯頭更有底蘊，另與蒜末一起清炒，清香脆口，好吃！

如果覺得清炒西洋芹過於單調，試試加入市售旗魚黑輪一起快炒吧！鮮甜Q彈軟的旗魚黑輪與清脆西洋芹相互輝映，不只讓整體風味更上一層，盛盤後的賣相也很有氣勢。

材料 2人份

西洋芹（去葉子）…200g
旗魚黑輪…120g
蒜頭…2瓣
辣椒…隨喜好

調味料

海鹽…隨口味

作法

1 西洋芹切小段、旗魚黑輪切小塊、蒜頭切成蒜末、辣椒斜切，備用。
2 熱油鍋，旗魚黑輪入鍋香煎，煎至雙面上色。
3 蒜末入鍋，炒出香氣。
4 西洋芹、少許水分入鍋，拌炒至喜歡的熟度。
5 辣椒、適量海鹽入鍋，拌勻後即完成。

Tips

亦可使用甜不辣取代旗魚黑輪，風味也很速配。

POSTS CRIPT
後記

走逛超市、菜市場，料理的靈感永不枯竭

每一本食譜書的出版，對我來說都是一趟未知且奇幻的旅行，食譜書旅行這次來到第五回；啟程前，很擔心這趟旅程已經無法激起料理的火花或悸動，更擔心自己無法與讀者分享更多料理上的想法。

但是，啟程後才發現，先前的擔心其實只是多慮……

食材成千上萬，烹調技法也隨之變化萬千，每次踏入市場，隨著琳瑯滿目的蔬果魚肉，萬箭齊發似的撲面而來，做菜的靈感也像夏季午后後雷陣雨一樣，唰～一聲的從天狂降，今天吃什麼有靈感了，甚至明天、後天、大後天吃什麼也都有想法了，想著想著，食物的香味似乎也在空氣中蔓延開來。

這個也想煮，那個也想煮，每個都想煮！每次逛市場時候，就是拯救做菜靈感枯竭的時候，屢試不爽，創作食譜書前的擔慮，通通煙消雲散。

期盼讀者翻閱本書時，也能如同逛市場一樣，激發無盡的做菜靈感，為今天、明天、後天吃什麼創造不同以往的計劃，如此，便是本書最大的成就。

感謝先生布萊恩及寶貝女兒，在本書籌備期間，很捧場的將試煮的、煮失敗的、正式煮的……全部都一一掃盤（笑）。

關於六年五本書的合作緣份
（當然還會有第六本……）

作者大人貝蒂如火如荼趕著做料理寫稿之餘，小編也沒有閒著，一邊把已完成的稿子整理校對並落版，一邊想著二年前答應要撰寫的編輯手札該如何下筆。

當年某天在漫遊網海時，突然被一道光（並不是 XD），是被一道盛著藍色米飯的漂亮便當吸引，心裡想說這是啥？她是誰？也太有想法了吧……並火速進行閱讀創作者動作，在爬了幾篇文章後，立馬決定簽下這位創作者，因為太有才了（眼冒愛心），之後在幾番死纏活纏和溝通說服下，終於如願簽下貝蒂，開展了至今六年多的合作緣分。

貝蒂一直很認真的經營社群平台，即寫食譜也寫生活，不僅自律更不斷追求廚藝及攝影功力的進步，最近更進化到連影片拍攝也是水準之作。還有一點對編輯來說很重要，那就是貝蒂「不拖稿！」「不拖稿！」「不拖稿！」厲害吧？不拖稿的作者在編輯眼中幾乎就像是神一般的存在。

這幾年跟著貝蒂學料理，不只吃得好還健康的瘦，透過貝蒂的料理手法，以前我很嫌棄的雞胸肉竟然變好吃了；還學會精彩多變的各式肉卷；品嘗到口味豐富的美味肉堡……也終於了解，無論是「愛妻便當」或是「愛自己便當」；「愛妻料理」或是「愛自己料理」，只有自己開始動手做，才能體悟到好好吃飯真的很重要，那是一種身與心的無限滿足。

說了這麼多，突然不小心瞄到自己疫後增生的腰間肉，好像又該把貝蒂的《愛妻瘦身便當》、《愛妻無壓力瘦身便當》、《愛妻瘦身便當【減醣成功三部曲】》、《愛妻省力便當》拿出來，再加這本《親愛的，今天吃什麼？》，啟動久違的健康瘦身模式了 XD

純釀造
屏大薄塩醬油
三不
一堅持

- 不含防腐劑
- 不使用化學醬油
- 不添加焦糖色素、鉀鹽
- 堅持每批檢驗合格

營養師
蔡瀅安♡

營養師
黃君聖
Sunny

眞心推薦

通過多項大獎認證

世界食品品質 評鑑大賞	國際風味評鑑所 (米其林) 風味絕佳獎	國際無添加 協會認證	SGS食品檢驗 合格認證

屏大薄鹽醬油

- 經180天自然發酵釀造
- 薄鹽低鈉醬油、
  非基因改造黃豆
- 符合國家CNS423
  薄鹽醬油標準
- 未添加鉀鹽
  無焦糖色素
- 不含防腐劑
- 開封後請冷藏

規格：710ml / 300ml

屏大薄鹽醬油膏

- 以屏大薄鹽醬油為基底
- 採用義大利進口
  高級澱粉
- 未添加鉀鹽、
  無焦糖色素
- 不含防腐劑
- 開封後請冷藏

規格：560ml / 300ml

屏大香菇素蠔油

- 以屏大薄鹽醬油為基底
- 嚴選進口高級花菇萃取
  精華
- 未添加鉀鹽、
  無焦糖色素
- 不含防腐劑
- 開封後請冷藏

規格：300ml

單入禮盒

雙入禮盒

六入禮盒

全球精品企業有限公司　　(02) 2792 5038　　台北市內湖區安康路172-2號
https://www.myglobal.com.tw

bon matin 150

親愛的，今天吃什麼？

作　　　者	貝蒂做便當
社　　　長	張瑩瑩
總　編　輯	蔡麗真
美　術　編　輯	林佩樺
封　面　設　計	謝佳穎
校　　　對	林昌榮

責　任　編　輯	莊麗娜
行銷企畫經理	林麗紅
行　銷　企　畫	李映柔
出　　　版	野人文化股份有限公司
發　　　行	遠足文化事業股份有限公司（讀書共和國出版集團）

地址：231 新北市新店區民權路 108-2 號 9 樓
電話：（02）2218-1417
傳真：（02）8667-1065
電子信箱：service@bookrep.com.tw
網址：www.bookrep.com.tw
郵撥帳號：19504465 遠足文化事業股份有限公司
客服專線：0800-221-029

特　別　聲　明：有關本書的言論內容，不代表本公司／出版集團之立場與
　　　　　　　　意見，文責由作者自行承擔。

法律顧問	華洋法律事務所　蘇文生律師
印　　製	凱林彩印股份有限公司
初　　版	2023 年 11 月 29 日
初版 2 刷	2023 年 12 月 22 日

國家圖書館出版品預行編目（CIP）資料

親愛的，今天吃什麼？/ 貝蒂做便當著 . -- 初版 . -- 新北市：野人文化股份有限公司出版：遠足文化事業股份有限公司發行，2023.12
228 面；17×23 公分　ISBN 978-986-384-964-3（平裝）　1.CST: 食譜 2.CST: 烹飪
427.17　　　　　　　　　　　　　　　　　　　　　　　　　　　　　　112017740

野人文化
讀者回函卡

感謝您購買《親愛的，今天吃什麼？》

姓　名　　　　　　　　　　□女 □男　年齡

地　址

電　話　　　　　　　　　手機

Email

學　歷 □國中(含以下)□高中職　□大專　　□研究所以上
職　業 □生產/製造　□金融/商業　□傳播/廣告　□軍警/公務員
　　　 □教育/文化　□旅遊/運輸　□醫療/保健　□仲介/服務
　　　 □學生　　　 □自由/家管　□其他

◆你從何處知道此書？
　□書店　□書訊　□書評　□報紙　□廣播　□電視　□網路
　□廣告DM　□親友介紹　□其他

◆您在哪裡買到本書？
　□誠品書店　□誠品網路書店　□金石堂書店　□金石堂網路書店
　□博客來網路書店　□其他＿＿＿＿＿＿＿＿＿＿＿

◆你的閱讀習慣：
　□親子教養　□文學 □翻譯小說 □日文小說 □華文小說 □藝術設計
　□人文社科　□自然科學　□商業理財　□宗教哲學　□心理勵志
　□休閒生活（旅遊、瘦身、美容、園藝等）　□手工藝／DIY　□飲食／食譜
　□健康養生　□兩性　□圖文書／漫畫　□其他

◆你對本書的評價：（請填代號，1. 非常滿意　2. 滿意　3. 尚可　4. 待改進）
　書名＿＿＿封面設計＿＿＿版面編排＿＿＿印刷＿＿＿內容＿＿＿
　整體評價＿＿＿

◆希望我們為您增加什麼樣的內容：

◆你對本書的建議：

廣　告　回　函
板橋郵政管理局登記證
板橋廣字第１４３號
郵資已付　免貼郵票

23141
新北市新店區民權路108-2號9樓
野人文化股份有限公司 收

請沿線撕下對折寄回

野人

書名：親愛的，今天吃什麼？

書號：bon matin 150